中文版
Photoshop CC 2018
基础培训教程

数字艺术教育研究室 编著

人民邮电出版社
北京

图书在版编目（ＣＩＰ）数据

中文版Photoshop CC 2018基础培训教程 / 数字艺术
教育研究室编著. -- 北京 : 人民邮电出版社，2020.2
ISBN 978-7-115-51483-7

Ⅰ. ①中… Ⅱ. ①数… Ⅲ. ①图象处理软件－教材
Ⅳ. ①TP391.413

中国版本图书馆CIP数据核字(2019)第129490号

内 容 提 要

本书全面系统地介绍 Photoshop CC 的基本操作方法和图形图像处理技巧，包括图像处理基础知识、初识 Photoshop CC 2018、绘制和编辑选区、绘制图像、修饰图像、编辑图像、绘制图形和路径、调整图像的色彩和色调、图层的应用、应用文字、通道与蒙版、滤镜效果和商业案例实训等内容。

本书将案例融入软件功能的介绍过程，力求通过课堂案例演练，使读者快速掌握软件的应用技巧；在学习了基础知识和基本操作后，通过课堂练习和课后习题，拓展读者的实际应用能力。在本书的最后一章，精心安排了几个精彩实例，力求通过这些实例的制作，使读者提高艺术设计创意能力。

本书附带学习资源，内容包括书中所有案例的素材、效果文件，以及在线视频、读者可通过在线方式获取这些资源，具体方法请参看本书前言。

本书适合作为高等院校数字媒体艺术类专业 Photoshop 课程的教材，也可作为 Photoshop 自学人士的参考用书。

◆ 编　　著　数字艺术教育研究室
　　责任编辑　张丹丹
　　责任印制　马振武

◆ 人民邮电出版社出版发行　　北京市丰台区成寿寺路 11 号
　　邮编　100164　电子邮件　315@ptpress.com.cn
　　网址　https://www.ptpress.com.cn
　　涿州市般润文化传播有限公司印刷

◆ 开本：787×1092　1/16
　　印张：19.5　　　　　　　2020 年 2 月第 1 版
　　字数：522 千字　　　　　2024 年 8 月河北第 17 次印刷

定价：49.90 元

读者服务热线：(010)81055410　印装质量热线：(010)81055316
反盗版热线：(010)81055315
广告经营许可证：京东市监广登字 20170147 号

前　言

Photoshop 是由 Adobe 公司开发的图形图像处理和编辑软件，它功能强大、易学易用，深受图形图像处理爱好者和平面设计人员的喜爱，已经成为这一领域非常流行的软件。目前，我国很多院校和培训机构的艺术专业，都将 Photoshop 作为一门重要的专业课程。为了帮助院校和培训机构的教师比较全面、系统地讲授这门课程，使学生能够熟练地使用 Photoshop 进行设计创意，数字艺术教育研究室组织院校从事 Photoshop 教学的教师和专业平面设计公司经验丰富的设计师共同编写了本书。

我们对本书的编写体例进行了精心的设计，按照"课堂案例—软件功能解析—课堂练习—课后习题"这一思路进行编排，力求通过课堂案例演练，使读者快速熟悉软件功能和艺术设计思路；通过软件功能讲解，使读者深入学习软件功能和使用技巧；通过课堂练习和课后习题，拓展读者的实际应用能力。在内容编写方面，我们力求通俗易懂、细致全面；在文字叙述方面，我们注意言简意赅、突出重点；在案例选取方面，我们注重案例的针对性和实用性。

本书附带学习资源，内容包括书中所有案例的素材及效果文件。读者在学完本书内容以后，可以调用这些资源进行深入练习。这些学习资源文件均可在线获取，扫描"资源获取"二维码，关注我们的微信公众号，即可得到资源文件获取方式，并且可以通过该方式获得"在线视频"的观看地址。另外，购买本书作为授课教材的教师也可以通过该方式获得教师专享资源，其中包括教学大纲、电子教案、PPT 课件，以及课堂案例、课堂练习和课后习题的教学视频等相关教学资源包。如需资源获取技术支持，请致函 szys@ptpress.com.cn。本书的参考学时为 52 学时，其中实训环节为 24 学时，各章的参考学时可以参见下面的学时分配表。

章	课 程 内 容	学 时 分 配	
		讲　授	实　训
第 1 章	图像处理基础知识	1	
第 2 章	初识 Photoshop CC 2018	2	
第 3 章	绘制和编辑选区	1	2
第 4 章	绘制图像	2	2
第 5 章	修饰图像	2	2
第 6 章	编辑图像	2	2
第 7 章	绘制图形和路径	2	2
第 8 章	调整图像的色彩和色调	3	2
第 9 章	图层的应用	2	2
第 10 章	应用文字	2	2
第 11 章	通道与蒙版	2	2
第 12 章	滤镜效果	3	2
第 13 章	商业案例实训	4	4
学 时 总 计		28	24

由于时间仓促，编者水平有限，书中难免存在错误和不足之处，敬请广大读者批评指正。

编　者
2019 年 10 月

资源与支持

本书由数艺社出品，"数艺社"社区平台（www.shuyishe.com）为您提供后续服务。

学习资源

所有案例的素材、效果文件和在线视频

教师专享资源

教学大纲
电子教案
PPT 课件
教学视频

资源获取请扫码

"数艺社"社区平台，为艺术设计从业者提供专业的教育产品。

与我们联系

我们的联系邮箱是 szys@ptpress.com.cn。如果您对本书有任何疑问或建议，请您发邮件给我们，并请在邮件标题中注明本书书名及 ISBN，以便我们更高效地做出反馈。

如果您有兴趣出版图书、录制教学课程，或者参与技术审校等工作，可以发邮件给我们；有意出版图书的作者也可以到"数艺社"社区平台在线投稿（直接访问 www.shuyishe.com 即可）。如果学校、培训机构或企业想批量购买本书或数艺社出版的其他图书，也可以发邮件给我们。

如果您在网上发现针对数艺社出品图书的各种形式的盗版行为，包括对图书全部或部分内容的非授权传播，请您将怀疑有侵权行为的链接通过邮件发给我们。您的这一举动是对作者权益的保护，也是我们持续为您提供有价值的内容的动力之源。

关于数艺社

人民邮电出版社有限公司旗下品牌"数艺社"，专注于专业艺术设计类图书出版，为艺术设计从业者提供专业的图书、U 书、课程等教育产品。出版领域涉及平面、三维、影视、摄影与后期等数字艺术门类，字体设计、品牌设计、色彩设计等设计理论与应用门类，UI 设计、电商设计、新媒体设计、游戏设计、交互设计、原型设计等互联网设计门类，环艺设计手绘、插画设计手绘、工业设计手绘等设计手绘门类。更多服务请访问"数艺社"社区平台 www.shuyishe.com。我们将提供及时、准确、专业的学习服务。

目　录

第1章 图像处理基础知识

本章介绍

本章主要介绍 Photoshop CC 图像处理的基础知识，包括位图与矢量图、分辨率、图像色彩模式和文件常用格式等。认真学习本章内容，快速掌握这些基础知识，有助于读者更快、更准确地处理图像。

- -

学习目标

- 了解位图、矢量图和分辨率。
- 熟悉图像的不同色彩模式。
- 熟悉软件常用的文件格式。

- -

技能目标

- 掌握位图和矢量图的分辨方法。
- 掌握图像色彩模式的转换。

1.1 位图和矢量图

图像文件可以分为两大类，即位图和矢量图。在绘图或处理图像的过程中，这两种类型的图像可以相互交叉使用。

1.1.1 位图

位图图像也叫点阵图像，它是由许多单独的小方块组成的，这些小方块被称为像素。每个像素都有特定的位置和颜色值，位图图像的显示效果与像素是紧密联系在一起的，不同排列和着色的像素组合在一起构成了一幅色彩丰富的图像。像素越多，图像的分辨率越高，相应地，图像文件的数据量也会越大。

一幅位图图像的原始效果如图 1-1 所示，使用放大工具放大后，可以清晰地看到像素的小方块，效果如图 1-2 所示。

图 1-1 图 1-2

位图与分辨率有关，如果在屏幕上以较大的倍数放大显示图像，或以低于创建时的分辨率打印图像，图像就会出现锯齿状的边缘，并且会丢失细节。

1.1.2 矢量图

矢量图也叫向量图，它是以数学的矢量方式来记录图像内容的。矢量图中的各种图形元素被称为对象，每一个对象都是独立的个体，都具有大小、颜色、形状和轮廓等属性。

矢量图与分辨率无关，可以将它设置成任意大小，其清晰度不变，也不会出现锯齿状的边缘。在任何分辨率下显示或打印，都不会损失细节。一幅矢量图的原始效果如图 1-3 所示，使用放大工具放大后，其清晰度不变，效果如图 1-4 所示。

图 1-3 图 1-4

矢量图所占的容量较小，但这种图形的缺点是不易制作色调丰富的图像，而且绘制出来的图形无法像位图那样精确地描绘各种绚丽的景象。

1.2　分辨率

分辨率是用来描述图像文件信息的术语，可分为图像分辨率、屏幕分辨率和输出分辨率。下面将分别进行讲解。

1.2.1　图像分辨率

在 Photoshop CC 中，图像的分辨率是指图像中每单位长度上的像素数目，其单位为像素/英寸或像素/厘米。

在相同尺寸的两幅图像中，高分辨率的图像包含的像素比低分辨率的图像包含的像素多。例如，一幅尺寸为 1 英寸×1 英寸的图像，其分辨率为 72 像素/英寸，这幅图像包含 5184（72×72＝5184）像素。同样尺寸，分辨率为 300 像素/英寸的图像包含 90000 像素。相同尺寸下，分辨率为 72 像素/英寸的图像效果如图 1-5 所示，分辨率为 10 像素/英寸的图像效果如图 1-6 所示。由此可见，在相同尺寸下，高分辨率的图像能更清晰地表现图像内容。（注：1 英寸≈2.54 厘米）

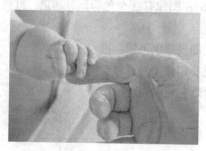
图 1-5

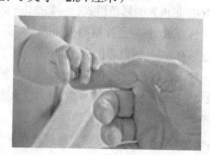
图 1-6

提示　　如果一幅图像所包含的像素是固定的，那么增加图像尺寸后会降低图像的分辨率。

1.2.2　屏幕分辨率

屏幕分辨率是显示器上每单位长度显示的像素数目。屏幕分辨率取决于显示器大小及其像素设置。显示器的分辨率一般约为 72 像素/英寸。在 Photoshop CC 中，图像像素被直接转换成显示器像素，当图像分辨率高于显示器分辨率时，屏幕中显示的图像的尺寸比实际尺寸大。

1.2.3　输出分辨率

输出分辨率是照排机或打印机等输出设备产生的每英寸的油墨点数（dpi）。打印机的分辨率为 300 dpi 时，可以使图像获得比较好的效果。

1.3 图像的色彩模式

Photoshop CC 提供了多种色彩模式，这些色彩模式是作品能够在屏幕和印刷品上成功表现的重要保障。在这些色彩模式中，经常使用的有 CMYK 模式、RGB 模式以及灰度模式。另外，还有索引模式、Lab 模式、HSB 模式、位图模式、双色调模式和多通道模式等。这些模式都可以在模式菜单下选取，每种色彩模式都有不同的色域，并且各个模式之间可以相互转换。下面介绍主要的色彩模式。

1.3.1 CMYK 模式

CMYK 代表印刷上用的 4 种油墨颜色：C 代表青色，M 代表洋红色，Y 代表黄色，K 代表黑色。CMYK 颜色控制面板如图 1-7 所示。

CMYK 模式在印刷时应用了色彩学中的减法混合原理，即减色色彩模式，是图片、插图和其他 Photoshop 作品中较常用的一种印刷方式。

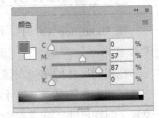

图 1-7

1.3.2 RGB 模式

与 CMYK 模式不同的是，RGB 模式是一种加色模式，通过红、绿、蓝 3 种色光相叠加来形成更多的颜色。RGB 是色光的彩色模式，一幅 24bit 的 RGB 图像有 3 个色彩信息通道：红色（R）、绿色（G）和蓝色（B）。RGB 颜色控制面板如图 1-8 所示。

每个通道都有 8 bit 的色彩信息，即一个 0～255 的亮度值色域。也就是说，每一种色彩都有 256 个亮度水平级。3 种色彩相叠加，可以有 $256 \times 256 \times 256 = 16\ 777\ 216$ 种可能的颜色，这么多种颜色足以表现出绚丽多彩的世界。

在 Photoshop CC 中编辑图像时，建议选择 RGB 模式。

图 1-8

1.3.3 灰度模式

灰度图又叫 8 bit 深度图。每个像素用 8 个二进制位表示，能产生 2^8（即 256）级灰色调。当一个彩色文件被转换为灰度模式文件时，所有的颜色信息都将从文件中丢失。尽管 Photoshop CC 允许将一个灰度模式文件转换为彩色模式文件，但不可能将原来的颜色完全还原。所以，当要把图像转换为灰度模式时，应先做好图像的备份。

与黑白照片一样，一个灰度模式的图像只有明暗值，没有色相和饱和度这两种颜色信息。0% 代表白，100% 代表黑，其中的 K 值用于衡量黑色油墨用量。灰度颜色控制面板如图 1-9 所示。

图 1-9

提示 将彩色模式转换为双色调（Duotone）模式或位图（Bitmap）模式时，必须先转换为灰度模式，然后由灰度模式转换为双色调模式或位图模式。

1.4　常用的图像文件格式

当用 Photoshop CC 制作或处理好一幅图像后，需要进行存储。这时，选择一种合适的文件格式就显得十分重要。Photoshop CC 有 20 多种文件格式可供选择。在这些文件格式中，既有 Photoshop CC 的专用格式，也有用于应用程序交换的文件格式，还有一些比较特殊的格式。下面将介绍几种常用的文件格式。

1.4.1　PSD 格式和 PDD 格式

PSD 格式和 PDD 格式是 Photoshop CC 自身的专用文件格式，能够支持从线图到 CMYK 的所有图像类型，但由于在一些图形处理软件中不能得到很好的支持，所以其通用性不强。PSD 格式和 PDD 格式能够保存图像数据的细小部分，如图层、附加的遮膜通道等 Photoshop CC 对图像进行的特殊处理的信息。在没有最终决定图像存储的格式前，建议先以这两种格式存储。另外，Photoshop CC 打开和存储这两种格式的文件比其他格式更快。但是这两种格式也有缺点，就是它们所存储的图像文件容量大，占用的磁盘空间较多。

1.4.2　TIFF 格式

TIFF 格式是标签图像格式。TIFF 格式对于色彩通道图像来说是很有用的格式，具有很强的可移植性，可以用于 PC、Macintosh 和 UNIX 工作站三大平台，是这三大平台上使用最广泛的绘图格式。

使用 TIFF 格式存储时应考虑到文件的大小，因为 TIFF 格式的结构要比其他格式更复杂。但 TIFF 格式支持 24 个通道，能存储多于 4 个通道的文件格式。TIFF 格式还允许使用 Photoshop CC 中的复杂工具和滤镜特效。TIFF 格式非常适合印刷和输出。

1.4.3　BMP 格式

BMP 格式可以用于绝大多数 Windows 下的应用程序。

BMP 格式使用索引色彩，并且可以使用 16MB 色彩渲染图像。BMP 格式能够存储黑白图、灰度图和 16MB 色彩的 RGB 图像等，这种格式的图像具有极为丰富的色彩。此格式一般在多媒体演示、视频输出等情况下使用，但不能在 Macintosh 程序中使用。在存储 BMP 格式的图像文件时，还可以进行无损压缩，这样能够节省磁盘空间。

1.4.4　GIF 格式

GIF 格式的图像文件容量比较小，一般会形成一种压缩的 8 bit 图像文件。因此，一般用这种格式的文件来缩短图形的加载时间。在网络中传送图像文件时，传送 GIF 格式的图像文件要比传送其他格式的图像文件快得多。

1.4.5　JPEG 格式

JPEG 格式既是 Photoshop 支持的一种文件格式，也是一种压缩方案，是 Macintosh 上常用的一种存储类型。JPEG 格式是压缩格式中的"佼佼者"。与 TIFF 文件格式采用的 LIW 无损压缩相比，JPEG 的压缩比例更大，但 JPEG 使用的有损压缩会丢失部分数据。用户可以在存储前选择图像的最好质量，控制数据的损失程度。

1.4.6　EPS 格式

EPS 格式是 Illustrator 和 Photoshop 之间可交换的文件格式。Illustrator 软件制作出来的流动曲线、简单图形和专业图像一般都存储为 EPS 格式。Photoshop 可以获取这种格式的文件。在 Photoshop 中，可以把其他图形文件存储为 EPS 格式，在排版类的 PageMaker 和绘图类的 Illustrator 等其他软件中使用。

1.5　选择合适的图像文件存储格式

可以根据工作任务的需要选择合适的图像文件存储格式。下面根据图像的不同用途介绍应该选择的图像文件存储格式。

印刷：TIFF、EPS。

出版物：PDF。

Internet 图像：GIF、JPEG、PNG。

Photoshop CC 工作：PSD、PDD、TIFF。

第2章

初识 Photoshop CC 2018

本章介绍

本章对 Photoshop CC 的功能进行讲解。通过学习本章内容，读者可以对 Photoshop CC 的各项功能有一个初步的了解，有助于读者在制作图像的过程中快速定位，应用相应的知识完成图像的制作任务。

学习目标

● 熟悉软件的工作界面和基本操作。

● 了解图像的显示方法。

● 掌握辅助线和绘图颜色的设置方法。

● 掌握图层的基本操作方法。

技能目标

● 熟练掌握文件的新建、打开、保存和关闭方法。

● 熟练掌握图像显示效果的操作方法。

● 熟练掌握标尺、参考线和网格的应用。

● 熟练掌握图像和画布尺寸的调整技巧。

2.1 工作界面的介绍

2.1.1 菜单栏及其快捷方式

熟悉工作界面是学习 Photoshop CC 的基础。熟练掌握工作界面的内容，有助于初学者日后得心应手地驾驭 Photoshop CC。Photoshop CC 的工作界面主要由菜单栏、属性栏、工具箱、控制面板和状态栏组成，如图 2-1 所示。

菜单栏
属性栏
工具箱
状态栏
控制面板

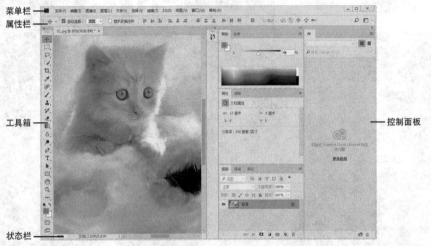

图 2-1

菜单栏：菜单栏共包含 11 个菜单命令。利用菜单命令可以完成编辑图像、调整色彩和添加滤镜效果等操作。

属性栏：属性栏是工具箱中各个工具的功能扩展。通过在属性栏中设置不同的选项，可以快速地完成多样化的操作。

工具箱：工具箱包含了多个工具。利用不同的工具可以完成对图像的绘制、观察和测量等操作。

控制面板：控制面板是 Photoshop CC 的重要组成部分。通过不同的功能面板，可以完成在图像中填充颜色、设置图层和添加样式等操作。

状态栏：状态栏可以提供当前文件的显示比例、文档大小、当前工具和暂存盘大小等提示信息。

1. 菜单分类

Photoshop CC 的菜单栏依次分为“文件”菜单、“编辑”菜单、“图像”菜单、“图层”菜单、“文字”菜单、“选择”菜单、“滤镜”菜单、“3D”菜单、“视图”菜单、“窗口”菜单和“帮助”菜单，如图 2-2 所示。

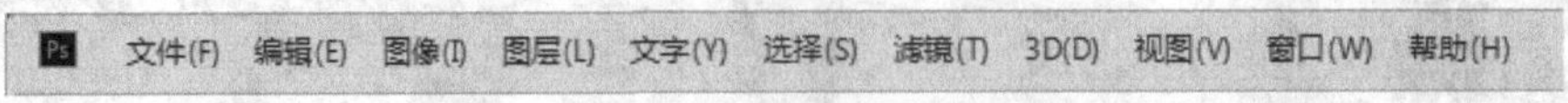
Ps
文件(F)
编辑(E)
图像(I)
图层(L)
文字(Y)
选择(S)
滤镜(T)
3D(D)
视图(V)
窗口(W)
帮助(H)

图 2-2

“文件”菜单：包含新建、打开、存储、置入等文件操作命令。

“编辑”菜单：包含还原、剪切、复制、填充、描边等文件编辑命令。

"图像"菜单：包含修改图像模式、调整图像颜色、改变图像大小等编辑图像的命令。

"图层"菜单：包含对图层的新建、编辑、调整命令。

"文字"菜单：包含对文字的创建、编辑和调整命令。

"选择"菜单：包含关于选区的创建、选取、修改、存储和载入等命令。

"滤镜"菜单：包含对图像进行各种艺术化处理的命令。

"3D"菜单：包含创建 3D 模型、编辑 3D 属性、调整纹理及编辑光线等命令。

"视图"菜单：包含各种对视图进行设置的操作命令。

"窗口"菜单：包含排列、设置工作区以及显示或隐藏控制面板的操作命令。

"帮助"菜单：提供了各种帮助信息和技术支持。

2．菜单命令的不同状态

子菜单命令：有些菜单命令包含了更多相关的菜单命令，包含子菜单的菜单命令右侧会显示黑色的三角形▶，单击带有三角形的菜单命令，就会显示出其子菜单，如图 2-3 所示。

不可执行的菜单命令：当菜单命令不符合运行的条件时，就会显示为灰色，即不可执行状态。例如，在 CMYK 模式下，滤镜菜单中的部分菜单命令将变为灰色，不能使用。

可弹出对话框的菜单命令：当菜单命令后面显示有符号"…"时，如图 2-4 所示，表示单击此菜单能够弹出相应的对话框，可以在对话框中进行设置。

图 2-3　　　　　　　　　　　　　　　　图 2-4

3．显示或隐藏菜单命令

可以根据操作需要隐藏或显示指定的菜单命令。不经常使用的菜单命令可以暂时隐藏。选择"窗口 > 工作区 > 键盘快捷键和菜单"命令，弹出"键盘快捷键和菜单"对话框，如图 2-5 所示。

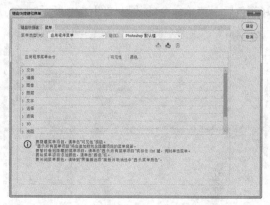

图 2-5

单击"应用程序菜单命令"栏中命令左侧的三角形按钮▶，将展开详细的菜单命令，如图 2-6 所示。单击"可见性"选项下方的眼睛图标 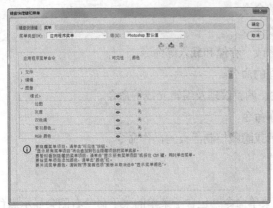，可将其相对应的菜单命令隐藏，如图 2-7 所示。

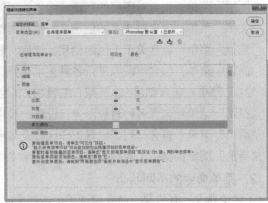

图 2-6   图 2-7

设置完成后，单击"存储对当前菜单组的所有更改"按钮 📥，保存当前的设置。也可单击"根据当前菜单组创建一个新组"按钮 📥，将当前的修改创建为一个新组。隐藏应用程序菜单命令前后的菜单效果如图 2-8 和图 2-9 所示。

图 2-8   图 2-9

4. 突出显示菜单命令

为了突出显示需要的菜单命令，可以为其设置颜色。选择"窗口 > 工作区 > 键盘快捷键和菜单"命令，弹出"键盘快捷键和菜单"对话框，在要突出显示的菜单命令后面单击"无"下拉按钮，在弹出的下拉列表中可以选择需要的颜色标注命令，如图 2-10 所示。可以为不同的菜单命令设置不同的颜色，如图 2-11 所示。设置好颜色后，菜单命令的效果如图 2-12 所示。

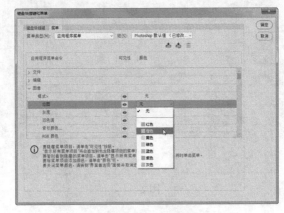

图 2-10

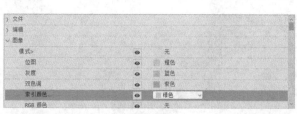

图 2-11　　　　　　　　　　　　　　　　　　　　　　　图 2-12

提示　　如果要暂时取消显示菜单命令的颜色，可以选择"编辑 > 首选项 > 界面"命令，在弹出的对话框中取消勾选"显示菜单颜色"复选框即可。

5. 键盘快捷方式

使用键盘快捷方式：当要选择命令时，可以使用菜单命令旁标注的快捷键。例如，要选择"文件 > 打开"命令，直接按 Ctrl+O 组合键即可。

按住 Alt 键的同时，按下菜单栏中文字后面带括号的字母键，可以打开相应的菜单，再按菜单命令中带括号的字母即可执行相应的命令。例如，要选择"选择"命令，按 Alt+S 组合键即可弹出菜单，要想选择菜单中的"色彩范围"命令，再按 C 键即可。

自定义键盘快捷方式：为了更方便地使用常用的命令，Photoshop CC 提供了自定义键盘快捷方式和保存键盘快捷方式的功能。

选择"窗口 > 工作区 > 键盘快捷键和菜单"命令，弹出"键盘快捷键和菜单"对话框，选择"键盘快捷键"选项卡，如图 2-13 所示。在对话框下面的信息栏中有快捷键的设置方法的说明，在"组"选项中可以选择要设置快捷键的组合，在"快捷键用于"选项中可以选择需要设置快捷键的菜单或工具，在下面的选项窗口中可以选择需要设置的命令或工具进行设置，如图 2-14 所示。

图 2-13　　　　　　　　　　　　　　　　　　　　　　　图 2-14

设置新的快捷键后，单击对话框右上方的"根据当前的快捷键组创建一组新的快捷键"按钮，弹出"另存为"对话框，在"文件名"文本框中输入名称，如图 2-15 所示，单击"保存"按钮则存储新的快捷键设置。这时，在"组"选项中即可选择新的快捷键设置，如图 2-16 所示。

更改快捷键设置后，需要单击"存储对当前快捷键组的所有更改"按钮对设置进行存储，单击"确定"按钮，应用更改的快捷键设置。要将快捷键的设置删除，可以在对话框中单击"删除当前的快捷键组合"按钮 ，Photoshop CC 会自动还原为默认设置。

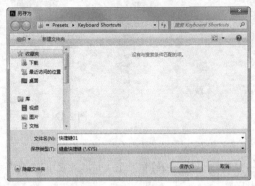

图 2-15 　　　　　　　　　　　　　　　　　　　　图 2-16

提示　　在为控制面板或应用程序菜单中的命令定义快捷键时，这些快捷键必须包括 Ctrl 键或一个功能键；在为工具箱中的工具定义快捷键时，必须使用 A～Z 之间的字母。

2.1.2　工具箱

Photoshop CC 的工具箱包括选择工具、绘图工具、填充工具、编辑工具、颜色选择工具、屏幕视图工具和快速蒙版工具等，如图 2-17 所示。想要了解每个工具的具体用法、名称和功能，可以将鼠标光标放置在具体工具的上方，此时会出现一个演示框，上面会显示该工具的具体用法、名称和功能，如图 2-18 所示。工具名称后面括号中的字母代表选择此工具的快捷键，只要在键盘上按该字母，就可以快速切换到相应的工具上。

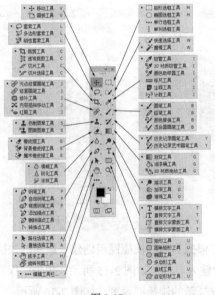

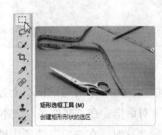

图 2-17 　　　　　　　　　　　　　　　　　　　　图 2-18

切换工具箱的显示状态：Photoshop CC 的工具箱可以根据需要在单栏与双栏之间自由切换。当工具箱显示为双栏时，如图 2-19 所示，单击工具箱上方的双箭头图标，可将工具箱转换为单栏，节省工作空间，如图 2-20 所示。

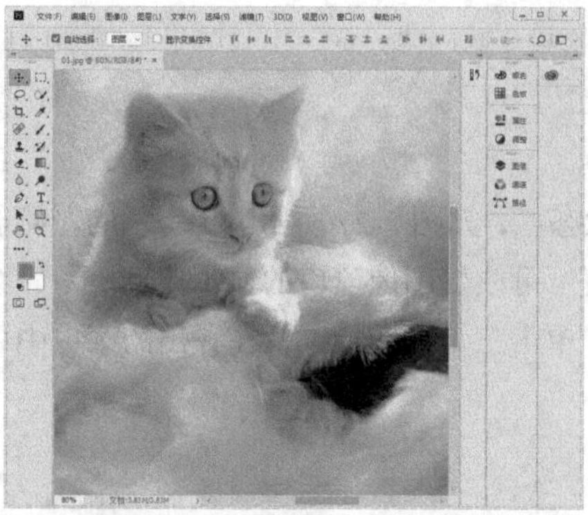

图 2-19

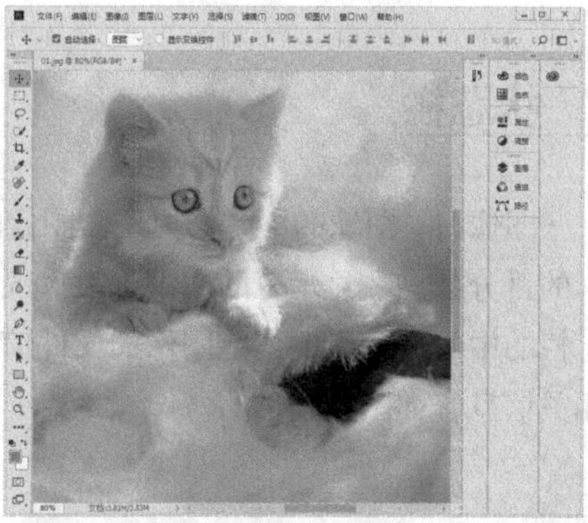

图 2-20

显示隐藏工具：在工具箱中，部分工具图标的右下方有一个黑色的小三角，表示在该工具下还有隐藏的工具。用鼠标在有小三角的工具图标上单击，并按住鼠标不放，将弹出隐藏的工具选项，如图 2-21 所示。将鼠标光标移动到需要的工具图标上，即可选择该工具。

恢复工具的默认设置：要想恢复工具默认的设置，可以选择该工具，然后在相应的工具属性栏中用鼠标右键单击工具图标，在弹出的菜单中选择“复位工具”命令，如图 2-22 所示。

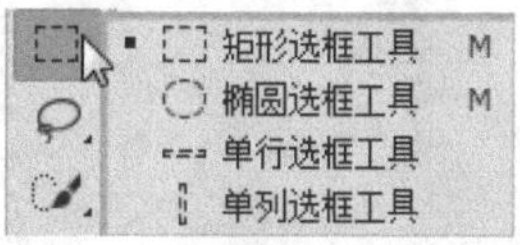

图 2-21

图 2-22

鼠标光标的显示状态：当选择工具箱中的工具后，鼠标光标就变为工具图标。例如，选择“裁剪”工具，图像窗口中的鼠标光标也随之显示为裁剪工具的图标，如图 2-23 所示。选择“画笔”工具，鼠标光标显示为画笔工具的对应图标，如图 2-24 所示。按 Caps Lock 键，鼠标光标转换为精确的十字形图标，如图 2-25 所示。

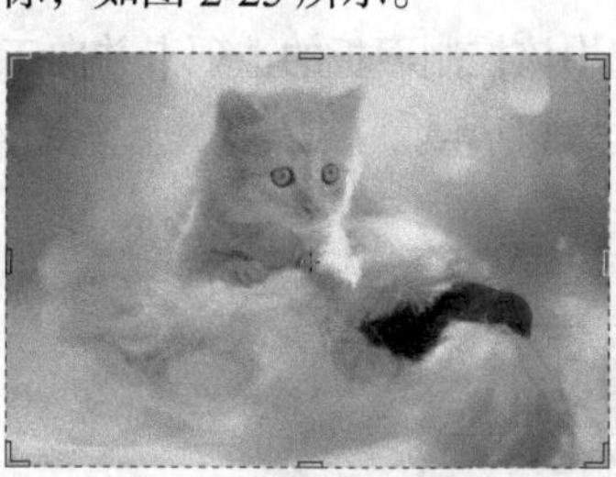

图 2-23

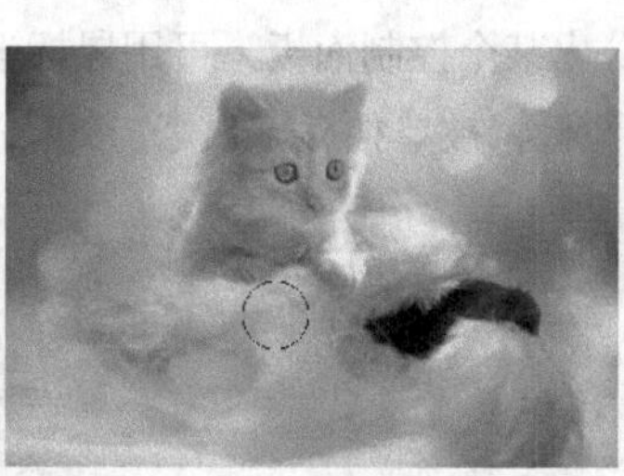

图 2-24

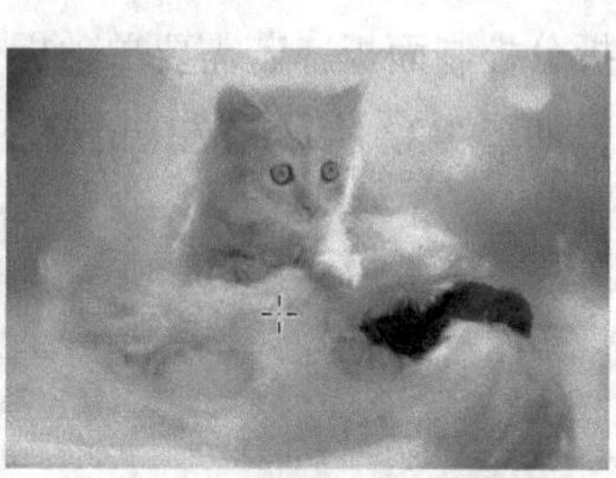

图 2-25

2.1.3　属性栏

当选择某个工具后，会出现相应的工具属性栏，可以通过属性栏对工具进行进一步的设置。例如，当选择“矩形选框”工具时，工作界面的上方会出现相应的矩形选框工具属性栏，可以应用属性栏中的各个命令对工具做进一步的设置，如图 2-26 所示。

图 2-26

2.1.4　状态栏

打开一张图像时，图像的下方会出现该图像的状态栏，如图 2-27 所示。状态栏的左侧显示当前图像缩放显示的百分数。在显示区的文本框中输入数值，可改变图像窗口的显示比例。

在状态栏的中间部分显示当前图像的文件信息，单击三角形图标 ，在弹出的菜单中可以选择当前图像的相关信息，如图 2-28 所示。

显示比例区—66.67%　文档:2.10M/2.10M　 —图像信息区

图 2-27　　　　　　　　　　　　　　　　　　　　　　　图 2-28

2.1.5　控制面板

控制面板是处理图像时另一个不可或缺的部分。收缩与展开 Photoshop CC 界面为用户提供了多个控制面板组。

收缩与展开控制面板：控制面板可以根据需要进行收缩与展开。面板的展开状态如图 2-29 所示。单击控制面板上方的双箭头图标 ，可以将控制面板收缩，如图 2-30 所示。如果要展开某个控制面板，可以直接单击其标签，相应的控制面板会自动弹出，如图 2-31 所示。

拆分控制面板：若需要单独拆分出某个控制面板，可用鼠标选中该控制面板的选项卡并向工作区拖曳，如图 2-32 所示，选中的控制面板将被单独拆分出来，如图 2-33 所示。

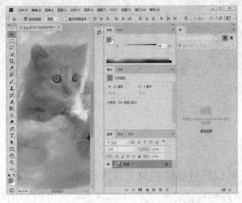

图 2-29

图 2-30

图 2-31   图 2-32   图 2-33

组合控制面板：可以根据需要将两个或多个控制面板组合到一个面板组中，这样可以节省操作的空间。要组合控制面板，可以选中外部控制面板的选项卡，用鼠标将其拖曳到要组合的面板组中，面板组周围出现蓝色的边框，如图 2-34 所示。此时，松开鼠标，控制面板将被组合到面板组中，如图 2-35 所示。

控制面板弹出式菜单：单击控制面板右上方的 ▤ 图标，可以弹出控制面板的相关命令菜单，应用这些菜单可以提高控制面板的功能性，如图 2-36 所示。

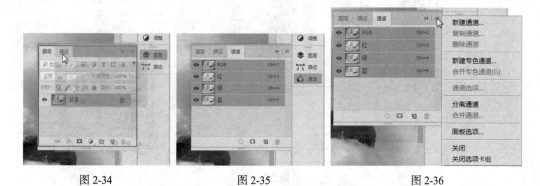

图 2-34   图 2-35   图 2-36

隐藏与显示控制面板：按 Tab 键，可以隐藏工具箱和控制面板；再次按 Tab 键，可以显示出隐藏的部分。按 Shift+Tab 组合键，可以隐藏控制面板；再次按 Shift+Tab 组合键，可以显示出隐藏的部分。

提示　按 F5 键显示或隐藏"画笔"控制面板，按 F6 键显示或隐藏"颜色"控制面板，按 F7 键显示或隐藏"图层"控制面板，按 F8 键显示或隐藏"信息"控制面板。按 Alt+F9 组合键显示或隐藏"动作"控制面板。

自定义工作区：可以依据操作习惯自定义工作区、存储控制面板及设置工具的排列方式，设计出个性化的 Photoshop CC 界面。

设置完工作区后，选择"窗口 > 工作区 > 新建工作区"命令，弹出"新建工作区"对话框，如图 2-37 所示。输入工作区名称，单击"存储"按钮，即可将自定义的工作区进行存储。

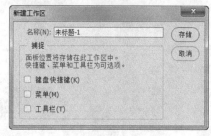

图 2-37

使用自定义工作区时，可在"窗口 > 工作区"的子菜单中选择新保存的工作区名称。如果要恢复使用 Photoshop CC 默认的工作区状态，可以选择"窗口 > 工作区 > 复位基本功能"命令进行恢复。选择"窗口 > 工作区 > 删除工作区"命令，可以删除自定义的工作区。

2.2 文件操作

掌握文件的基本操作方法是开始设计和制作作品所必需的技能。下面将具体介绍 Photoshop CC 软件中的基本操作方法。

2.2.1 新建图像

新建图像是使用 Photoshop CC 进行设计的第一步。如果要在一个空白的图像上绘图，就要在 Photoshop CC 中新建一个图像文件。

选择"文件 > 新建"命令，或按 Ctrl+N 组合键，弹出"新建文档"对话框，如图 2-38 所示。

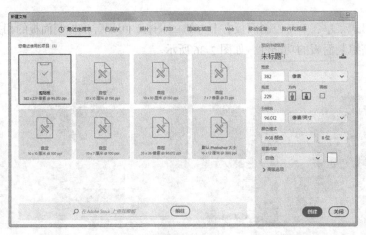

图 2-38

根据需要单击上方的类别选项卡，选择需要的预设新建文档；或在右侧的选项中修改图像的名称、宽度、高度、分辨率、颜色模式等预设数值新建文档，单击图像名称右侧的 按钮，新建文档预设。设置完成后单击"创建"按钮，即可新建图像，如图 2-39 所示。

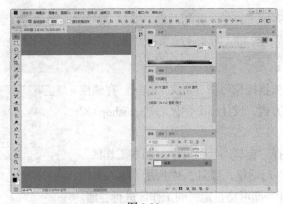

图 2-39

2.2.2　打开图像

如果要对照片或图片进行修改和处理，就要在 Photoshop CC 中打开需要的图像。

选择"文件 > 打开"命令，或按 Ctrl+O 组合键，弹出"打开"对话框，在对话框中搜索路径和文件，确认文件类型和名称，如图 2-40 所示，单击"打开"按钮，或直接双击文件，即可打开所指定的图像文件，如图 2-41 所示。

图 2-40　　　　　　　　　　　　　　　　　图 2-41

提示　　在"打开"对话框中，也可以一次同时打开多个文件，只要在文件列表中将所需的几个文件选中，并单击"打开"按钮即可。在"打开"对话框中选择文件时，按住 Ctrl 键的同时用鼠标单击，可以选择不连续的多个文件；按住 Shift 键的同时用鼠标单击，可以选择连续的多个文件。

2.2.3　保存图像

编辑和制作完图像后，就需要将图像进行保存，以便于下次打开继续操作。

选择"文件 > 存储"命令，或按 Ctrl+S 组合键，可以存储文件。当对设计好的作品进行第一次存储时，选择"文件 > 存储"命令，将弹出"另存为"对话框，如图 2-42 所示。在对话框中输入文件名，选择文件格式后，单击"保存"按钮，即可将图像保存。

图 2-42

提示　　当对已经存储过的图像文件进行各种编辑操作后，选择"存储"命令，将不弹出"另存为"对话框，计算机将直接保存最终确认的结果，并覆盖原始文件。

2.2.4　关闭图像

将图像进行存储后，可以将其关闭。选择"文件 > 关闭"命令，或按 Ctrl+W 组合键，可以关闭文件。关闭图像时，若当前文件被修改过或是新建的文件，则会弹出提示对话框，如图 2-43 所示，单击"是"按钮即可存储并关闭图像。

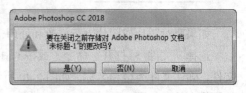

图 2-43

2.3　图像的显示效果

使用 Photoshop CC 编辑和处理图像时，可以通过改变图像的显示比例，使工作更便捷、高效。

2.3.1　100%显示图像

100%显示图像，如图 2-44 所示，在此状态下可以对文件进行精确编辑。

2.3.2　放大显示图像

图 2-44

选择"缩放"工具，图像中鼠标光标变为放大工具图标，每单击一次鼠标，图像就会放大一倍。当图像以 100%的比例显示时，在图像窗口中单击一次鼠标，图像则以 200%的比例显示，效果如图 2-45 所示。

当要放大一个指定的区域时，在需要的区域按住鼠标不放，选中的区域会进行放大显示，放大到需要的大小后松开鼠标即可。取消勾选"细微缩放"复选框，可以在图像上框选出矩形选区，如图 2-46 所示，松开鼠标，可将选中的区域放大，效果如图 2-47 所示。

按 Ctrl+ + 组合键，可逐次放大图像。例如，从 100%的显示比例放大到 200%、300%和 400%。

图 2-45　　　　　　　　图 2-46　　　　　　　　图 2-47

2.3.3　缩小显示图像

缩小显示图像，一方面可以用有限的屏幕空间显示出更多的图像，另一方面可以看到一个较大图像的全貌。

选择"缩放"工具 ，在图像中鼠标光标变为放大工具图标 ，按住 Alt 键不放，光标变为缩小工具图标 ，如图 2-48 所示。每单击一次鼠标，图像将缩小显示一级，效果如图 2-49 所示。按 Ctrl+ – 组合键，可逐次缩小图像。

也可在缩放工具属性栏中单击"缩小工具"按钮 ，如图 2-50 所示。光标变为缩小工具图标 ，每单击一次鼠标，图像将缩小显示一级。

图 2-48 　　　　图 2-49

图 2-50

2.3.4　全屏显示图像

若想将图像窗口放大到填满整个屏幕，可以在缩放工具的属性栏中单击"适合屏幕"按钮 适合屏幕 ，再勾选"调整窗口大小以满屏显示"选项，如图 2-51 所示。这样在放大图像时，窗口就会和屏幕的尺寸相适应，效果如图 2-52 所示。单击"100%"按钮 100% ，图像将以实际像素比例显示。单击"填充屏幕"按钮 填充屏幕 ，可以缩放图像以适合屏幕。

图 2-51

图 2-52

2.3.5　图像窗口显示

当打开多个图像文件时，会出现多个图像文件窗口，这就需要对窗口进行布置和摆放。

同时打开多幅图像，如图 2-53 所示。按 Tab 键，隐藏操作界面中的工具箱和控制面板，如图 2-54 所示。

图 2-53

图 2-54

选择"窗口 > 排列 > 全部垂直拼贴"命令，图像的排列效果如图 2-55 所示。选择"窗口 > 排列 > 全部水平拼贴"命令，图像的排列效果如图 2-56 所示。

图 2-55

图 2-56

选择"窗口 > 排列 > 双联水平"命令，图像的排列效果如图 2-57 所示。选择"窗口 > 排列 > 双联垂直"命令，图像的排列效果如图 2-58 所示。

图 2-57

图 2-58

选择"窗口 > 排列 > 三联水平"命令，图像的排列效果如图 2-59 所示。选择"窗口 > 排列 > 三联垂直"命令，图像的排列效果如图 2-60 所示。

图 2-59

图 2-60

选择"窗口 > 排列 > 三联堆积"命令，图像的排列效果如图 2-61 所示。选择"窗口 > 排列 > 四联"命令，图像的排列效果如图 2-62 所示。

图 2-61

图 2-62

选择"窗口 > 排列 > 将所有内容合并到选项卡中"命令，图像的排列效果如图 2-63 所示。选择"窗口 > 排列 > 在窗口中浮动"命令，图像的排列效果如图 2-64 所示。

图 2-63

图 2-64

选择"窗口 > 排列 > 使所有内容在窗口中浮动"命令，图像的排列效果如图 2-65 所示。选择"窗口 > 排列 > 层叠"命令，图像的排列效果与图 2-65 所示相同。选择"窗口 > 排列 > 平铺"命令，图像的排列效果如图 2-66 所示。

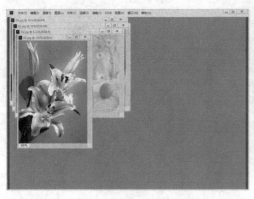

图 2-65	图 2-66

"匹配缩放"命令可以将所有窗口都匹配到与当前窗口相同的缩放比例。先将 04 素材图片放大到 50%显示，如图 2-67 所示，再选择"窗口 > 排列 > 匹配缩放"命令，所有图像窗口都将以 50%显示图像，如图 2-68 所示。

图 2-67	图 2-68

"匹配位置"命令可以将所有窗口都匹配到与当前窗口相同的显示位置。调整 04 图像的显示位置，如图 2-69 所示，选择"窗口 > 排列 > 匹配位置"命令，所有图像窗口将显示相同的位置，如图 2-70 所示。

图 2-69	图 2-70

"匹配旋转"命令可以将所有窗口的视图旋转角度都匹配到与当前窗口相同。在工具箱中选择"旋转视图"工具，将 04 素材图片的视图旋转，如图 2-71 所示。选择"窗口 > 排列 > 匹配旋转"命

令，所有图像窗口都将以相同的角度旋转，如图 2-72 所示。

　　　　　图 2-71　　　　　　　　　　　　　　图 2-72

"全部匹配"命令是将所有窗口的缩放比例、图像显示位置、画布旋转角度与当前窗口进行匹配。

2.3.6　观察放大图像

选择"抓手"工具 ![手形], 在图像中鼠标光标变为 ![手形] 形状，按住鼠标拖曳图像，可以观察图像的每个部分，如图 2-73 所示。直接按住鼠标拖曳图像周围的垂直和水平滚动条，也可观察图像的每个部分，如图 2-74 所示。如果正在使用其他的工具进行工作，按住 Spacebar（空格）键，可以快速切换到"抓手"工具 ![手形]。

 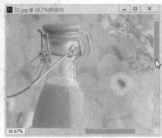

　　　　　图 2-73　　　　　　　　　　　　　　图 2-74

2.4　标尺、参考线和网格线的设置

对标尺、参考线和网格线进行设置可以使图像处理更加精确。实际设计任务中的许多问题，都需要使用标尺、参考线和网格线来解决。

2.4.1　标尺的设置

设置标尺可以精确地编辑和处理图像。选择"编辑 > 首选项 > 单位与标尺"命令，弹出相应的对话框，如图 2-75 所示。

单位：用于设置标尺和文字的显示单位，有不同的显示单位供选择。

列尺寸：用列来精确确定图像的尺寸。

点/派卡大小：与输出有关。

选择"视图 > 标尺"命令，或按 Ctrl+R 组合键，可以将标尺显示或隐藏，如图 2-76 和图 2-77 所示。

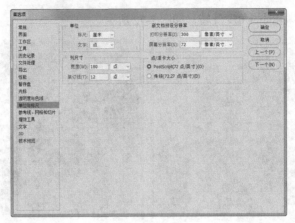

图 2-75

图 2-76 图 2-77

将鼠标光标放在标尺的 x 轴和 y 轴的 0 点处，如图 2-78 所示，向右下方拖曳鼠标到适当的位置，如图 2-79 所示，松开鼠标，标尺的 x 轴和 y 轴的 0 点就变为鼠标移动后的位置，如图 2-80 所示。

图 2-78 图 2-79 图 2-80

2.4.2　参考线的设置

设置参考线：将鼠标光标放在水平标尺上，按住鼠标不放，向下拖曳出水平的参考线，如图 2-81 所示。将光标放在垂直标尺上，按住鼠标不放，向右拖曳出垂直的参考线，如图 2-82 所示。

显示或隐藏参考线：选择"视图 > 显示 > 参考线"命令，可以显示或隐藏参考线。此命令只有在存在参考线的前提下才能应用。

移动参考线：选择"移动"工具 ，将鼠标光标放在参考线上，当光标变为 状时，按住鼠标拖曳，可以移动参考线。

锁定、清除、新建参考线：选择"视图 > 锁定参考线"命令或按 Alt+Ctrl+；组合键，可以将参考线锁定，参考线锁定后将不能移动。选择"视图 > 清除参考线"命令，可以将参考线清除。选择"视图 > 新建参考线"命令，弹出"新建参考线"对话框，如图 2-83 所示，设定后单击"确定"按钮，图像中会出现新建的参考线。

  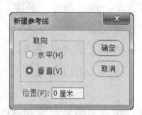

| 图 2-81 | 图 2-82 | 图 2-83 |

2.4.3　网格线的设置

选择"编辑 > 首选项 > 参考线、网格和切片"命令，弹出相应的对话框，如图 2-84 所示。

参考线：用于设定参考线的颜色和样式。

网格：用于设定网格的颜色、样式、网格线间隔和子网格等。

切片：用于设定切片的颜色和显示切片的编号。

路径：用于设定路径的选定颜色。

选择"视图 > 显示 > 网格"命令，或按 Ctrl+'组合键，可以显示或隐藏网格，如图 2-85 和图 2-86 所示。

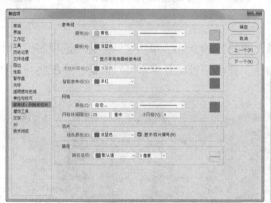  

| 图 2-84 | 图 2-85 | 图 2-86 |

提示　反复按 Ctrl+R 组合键，可以将标尺显示或隐藏。反复按 Ctrl+；组合键，可以将参考线显示或隐藏。反复按 Ctrl+'组合键，可以将网格显示或隐藏。

2.5　图像和画布尺寸的调整

根据制作过程中的不同需求，可以随时调整图像与画布的尺寸。

2.5.1　图像尺寸的调整

打开一张图像，选择"图像 > 图像大小"命令，或按 Ctrl+Alt+I 组合键，弹出"图像大小"对话框，如图 2-87 所示。

图像大小：通过改变"宽度""高度"和"分辨率"选项的数值，可改变图像的文档大小，图像的尺寸也相应改变。

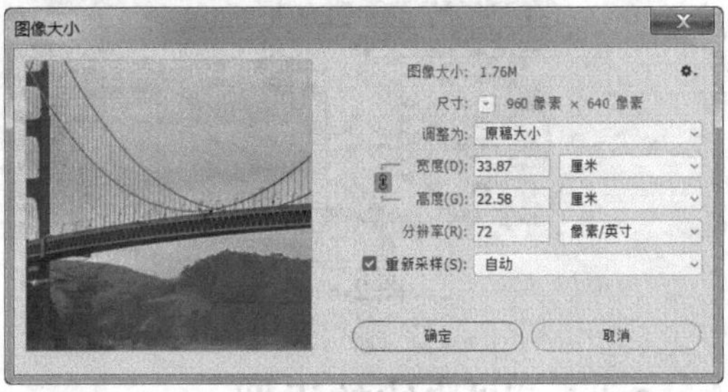

缩放样式🔧：选择此选项后，若在图像操作中添加了图层样式，可以在调整大小时自动缩放样式大小。

图 2-87

尺寸：指沿图像的宽度和高度的总像素数。单击尺寸右侧的 ▾ 按钮，可以改变计量单位。

调整为：指选取预设以调整图像大小。

约束比例🔗：单击"宽度"和"高度"选项，左侧出现锁链标志🔗，表示改变其中一项设置时，两项会成比例地同时改变。

分辨率：指位图图像中的细节精细度，计量单位是像素/英寸（ppi），每英寸的像素越多，分辨率越高。

重新采样：不勾选此复选框，尺寸的数值将不会改变，"宽度""高度"和"分辨率"选项的左侧将出现锁链标志🔗，改变数值时三项会同时改变，如图 2-88 所示。

在"图像大小"对话框中，如果要改变选项数值的计量单位，可在选项右侧的下拉列表中进行选择，如图 2-89 所示。单击"调整为"选项右侧的下拉选项，在弹出的下拉菜单中选择"自动分辨率"命令，弹出"自动分辨率"对话框，系统将自动调整图像的分辨率和品质效果，如图 2-90 所示。

图 2-88

图 2-89

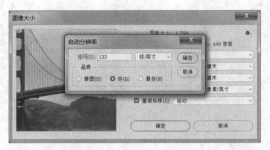

图 2-90

2.5.2　画布尺寸的调整

图像画布尺寸的大小是指当前图像周围的工作空间的大小。选择"图像 > 画布大小"命令，弹出"画布大小"对话框，如图 2-91 所示。

当前大小：显示的是当前文件的大小和尺寸。

新建大小：用于重新设定图像画布的大小。

定位：用于调整图像在新画面中的位置，可偏左、居中或在右上角等，如图 2-92 所示。

图 2-91

图 2-92

设置不同的调整方式，图像调整后的效果如图 2-93 所示。

图 2-93

画布扩展颜色：在此选项的下拉列表中可以选择填充图像周围扩展部分的颜色，可以选择前景色、背景色或 Photoshop CC 中的默认颜色，也可以自己调整所需颜色。

在对话框中进行设置，如图 2-94 所示，单击"确定"按钮，效果如图 2-95 所示。

图 2-94

图 2-95

2.6　设置绘图颜色

在 Photoshop CC 中可以使用"拾色器"对话框、"颜色"控制面板和"色板"控制面板对图像进行色彩的设置。

2.6.1　使用"拾色器"对话框设置颜色

单击工具箱中的"设置前景色/设置背景色"图标，弹出"拾色器"对话框，如图 2-96 所示，用鼠标在颜色色带上单击或拖曳两侧的三角形滑块，可以使颜色的色相产生变化。

左侧的颜色选择区：可以选择颜色的明度和饱和度，垂直方向表示的是明度的变化，水平方向表示的是饱和度的变化。

右侧上方的颜色框：显示所选择的颜色，下方是所选颜色的 HSB、RGB、CMYK 和 Lab 值，选择好颜色后，单击"确定"按钮，所选择的颜色将变为工具箱中的前景色或背景色。

右侧下方的数值框：可以输入 HSB、RGB、CMYK、Lab 的颜色值，以得到希望的颜色。

只有 Web 颜色：勾选此复选框，颜色选择区中将出现供网页使用的颜色，如图 2-97 所示，右侧的数值框 # 000000 中显示的是网页颜色的数值。

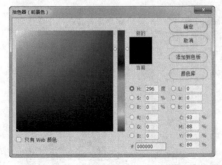
图 2-96

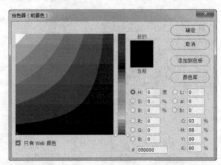
图 2-97

在"拾色器"对话框中单击 [颜色库] 按钮，会弹出"颜色库"对话框，如图 2-98 所示。在对话框中，"色库"下拉菜单中是一些常用的印刷颜色体系，如图 2-99 所示，其中"TRUMATCH"是为印刷设计提供服务的印刷颜色体系。

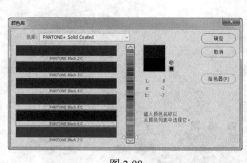

图 2-98

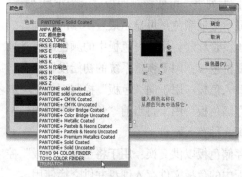

图 2-99

在"颜色库"对话框中，单击或拖曳颜色色相区域内两侧的三角形滑块，可以使颜色的色相产生变化，在颜色选择区中选择带有编码的颜色，在对话框的右侧上方颜色框中会显示出所选择的颜色，右侧下方是所选择颜色的色值。

2.6.2　使用"颜色"控制面板设置颜色

选择"窗口 > 颜色"命令，弹出"颜色"控制面板，如图 2-100 所示，在该面板中可以改变前景色和背景色。

单击左侧的设置前景色或设置背景色图标■，确定所调整的是前景色还是背景色，拖曳三角滑块或在色带中选择所需的颜色，或直接在颜色的数值框中输入数值调整颜色。

单击"颜色"控制面板右上方的 ≡ 图标，弹出下拉命令菜单，如图 2-101 所示，此菜单用于设定"颜色"控制面板中显示的颜色模式，可以在不同的颜色模式中调整颜色。

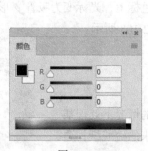

图 2-100

图 2-101

2.6.3　使用"色板"控制面板设置颜色

选择"窗口 > 色板"命令，弹出"色板"控制面板，如图 2-102 所示，可以选取一种颜色来改变前景色或背景色。单击"色板"控制面板右上方的 ≡ 图标，弹出下拉命令菜单，如图 2-103 所示。

新建色板：用于新建一个色板。

小型缩览图：可使控制面板显示最小型图标。

小/大缩览图：可使控制面板显示为小/大图标。

小/大列表：可使控制面板显示为小/大列表。

显示最近颜色：可显示最近使用的颜色。

预设管理器：用于对色板中的颜色进行管理。

复位色板：用于恢复系统的初始设置状态。

载入色板：用于向"色板"控制面板中增加色板文件。

存储色板：用于将当前"色板"控制面板中
的色板文件存入硬盘。

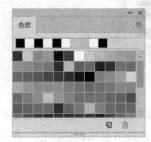

存储色板以供交换：用于将当前"色板"控
制面板中的色板文件存入硬盘并供交换使用。

替换色板：用于替换"色板"控制面板中现
有的色板文件。

"ANPA 颜色"选项以下都是配置的颜色库。

在"色板"控制面板中，将鼠标光标移到空

图 2-102　　　　　　　　　图 2-103

白处，光标变为油漆桶 形状，如图 2-104 所示，此时单击鼠标，弹出"色板名称"对话框，如图 2-105
所示，单击"确定"按钮，即可将当前的前景色添加到"色板"控制面板中，如图 2-106 所示。

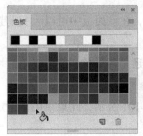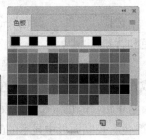

图 2-104　　　　　　　　　图 2-105　　　　　　　　　图 2-106

在"色板"控制面板中，将鼠标光标移到色标上，光标变为吸管 形状，如图 2-107 所示，此时
单击鼠标，将设置吸取的颜色为前景色，如图 2-108 所示。

2.7　图层的基本操作

使用图层可在不影响图像中其他图像元素的情况下处理某
一图像元素。可以将图层想象成是一张张叠起来的硫酸纸，透
过图层的透明区域可以看到下面的图层，更改图层的顺序和属
性可以改变图像的合成。图像效果如图 2-109 所示，其图层原
理图如图 2-110 所示。

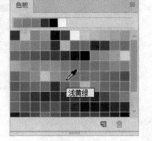

图 2-107　　　　　　　　　图 2-108

图 2-109　　　　　　　　　图 2-110

2.7.1　控制面板

"图层"控制面板列出了图像中的所有图层、组和图层效果，如图 2-111 所示。可以使用"图层"控制面板来搜索图层、显示和隐藏图层、创建新图层以及处理图层组，还可以在"图层"控制面板的弹出式菜单中设置其他命令和选项。

图层搜索功能：在 框中可以选取 9 种不同的搜索方式，如图 2-112 所示。

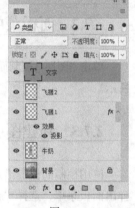

● 类型：可以通过单击"像素图层"按钮、"调整图层"按钮、"文字图层"按钮、"形状图层"按钮和"智能对象"按钮来搜索需要的图层类型。

● 名称：可以在右侧的框中输入图层名称来搜索图层。

● 效果：通过图层应用的图层样式来搜索图层。

● 模式：通过图层设定的混合模式来搜索图层。

● 属性：通过图层的可见性、锁定、链接、混合和蒙版等属性来搜索图层。

● 颜色：通过不同的图层颜色来搜索图层。

图 2-111

● 智能对象：通过图层中不同智能对象的链接方式来搜索图层。

● 选定：通过选定的图层来搜索图层。

● 画板：通过画板来搜索图层。

图层的混合模式 正常 ：用于设定图层的混合模式，共包含有 27 种混合模式。

不透明度：用于设定图层的不透明度。

填充：用于设定图层的填充百分比。

眼睛图标：用于打开或隐藏图层中的内容。

图 2-212

锁链图标：表示图层与图层之间的链接关系。

图标 T：表示此图层为可编辑的文字层。

图标 fx：表示为图层添加了样式。

在"图层"控制面板的上方有 5 个工具图标，如图 2-113 所示。

锁定透明像素：用于锁定当前图层中的透明区域，使透明区域不能被编辑。

锁定图像像素：使当前图层和透明区域不能被编辑。

锁定：

锁定位置：使当前图层不能被移动。

图 2-113

防止在画板内外自动嵌套：锁定画板在画布上的位置，阻止在画板内部或外部自动嵌套。

锁定全部 ⬛：使当前图层或序列完全被锁定。

在"图层"控制面板的下方有 7 个工具按钮图标，如图 2-114 所示。

图 2-114

链接图层 ∞：使所选图层和当前图层成为一组，当对一个链接图层进行操作时，将影响一组链接图层。

添加图层样式 fx：为当前图层添加图层样式效果。

添加蒙版 ▣：将在当前层上创建一个蒙版。在图层蒙版中，黑色代表隐藏图像，白色代表显示图像。可以使用画笔等绘图工具对蒙版进行绘制，还可以将蒙版转换成选择区域。

创建新的填充或调整图层 ◕：可对图层进行颜色填充和效果调整。

创建新组 ▢：用于新建一个文件夹，可在其中放入图层。

创建新图层 ▣：用于在当前图层的上方创建一个新层。

删除图层 🗑：可以将不需要的图层拖曳到此处进行删除。

2.7.2　面板菜单

单击"图层"控制面板右上方的 ☰ 图标，弹出命令菜单，如图 2-115 所示。

2.7.3　新建图层

使用控制面板弹出式菜单：单击"图层"控制面板右上方的 ☰ 图标，弹出面板菜单，选择"新建图层"命令，弹出"新建图层"对话框，如图 2-116 所示。

- 名称：用于设定新图层的名称。
- 使用前一图层创建剪贴蒙版：勾选此项可以与前一图层创建剪贴蒙版。
- 颜色：用于设定新图层的颜色。
- 模式：用于设定当前图层的合成模式。
- 不透明度：用于设定当前图层的不透明度值。

使用控制面板按钮或快捷键：单击"图层"控制面板下方的"创建新图层"按钮 ▣，可以创建一个新图层。按住 Alt 键的同时，单击"创建新图层"按钮 ▣，将弹出"新建图层"对话框，创建一个新图层。

使用"图层"菜单命令或快捷键：选择"图层 > 新建 > 图层"命令，弹出"新建图层"对话框。按 Shift+Ctrl+N 组合键，也可以弹出"新建图层"对话框，创建一个新图层。

图 2-115

2.7.4　复制图层

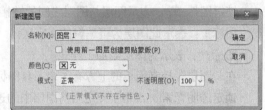

图 2-116

使用控制面板弹出式菜单：单击"图层"控制面板右上方的 ☰ 图标，弹出面板菜单，选择"复制图层"命令，弹出"复制图层"对话框，如图 2-117 所示。

- 为：用于设定复制层的名称。
- 文档：用于设定复制层的文件来源。

使用控制面板按钮：将需要复制的图层拖曳到控制面板下方的"创建新图层"按钮 ⬚ 上，可以将所选的图层复制为一个新图层。

使用菜单命令：选择"图层 > 复制图层"命令，弹出"复制图层"对话框，复制图层。

图 2-117

使用鼠标拖曳的方法复制不同图像之间的图层：打开目标图像和需要复制的图像，将需要复制的图像中的图层直接拖曳到目标图像的图层中，图层复制完成。

2.7.5　删除图层

使用控制面板弹出式菜单：单击"图层"控制面板右上方的 ☰ 图标，弹出面板菜单，选择"删除图层"命令，弹出提示对话框，如图 2-118 所示，单击"是"按钮，删除图层。

使用控制面板按钮：选中要删除的图层，单击"图层"控制面板下方的"删除图层"按钮 🗑，即可删除图层。将需要删除的图层直接拖曳到"删除图层"按钮 🗑 上，也可以删除图层。

使用菜单命令：选择"图层 > 删除 > 图层"命令，即可删除图层。

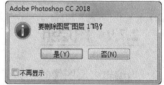

图 2-118

2.7.6　图层的显示和隐藏

单击"图层"控制面板中任意图层左侧的眼睛图标 👁，可以隐藏或显示这个图层。

按住 Alt 键的同时，单击"图层"控制面板中的任意图层左侧的眼睛图标 👁，此时，图层控制面板中将只显示这个图层，其他图层被隐藏。

2.7.7　图层的选择、链接和排列

选择图层：用鼠标单击"图层"控制面板中的任意一个图层，可以选择这个图层。

选择"移动"工具 ✛，用鼠标右键单击窗口中的图像，弹出一组供选择的图层选项菜单，选择所需要的图层即可。

链接图层：当要同时对多个图层中的图像进行操作时，可以将多个图层进行链接，方便操作。选中要链接的图层，如图 2-119 所示，单击"图层"控制面板下方的"链接图层"按钮 🔗，选中的图层被链接，如图 2-120 所示。再次单击"链接图层"按钮 🔗，可取消链接。

图 2-119 　　　　　图 2-120

排列图层：单击"图层"控制面板中的任意图层并按住鼠标不放，拖曳鼠标可将其调整到其他图层的上方或下方。

选择"图层 > 排列"命令，弹出"排列"命令的子菜单，选择其中的排列方式即可。

2.7.8 合并图层

"向下合并"命令用于向下合并图层。单击"图层"控制面板右上方的 ≡ 图标，在弹出的菜单中选择"向下合并"命令，或按 Ctrl+E 组合键即可完成操作。

"合并可见图层"命令用于合并所有可见层。单击"图层"控制面板右上方的 ≡ 图标，在弹出的菜单中选择"合并可见图层"命令，或按 Shift+Ctrl+E 组合键即可完成操作。

"拼合图像"命令用于合并所有的图层。单击"图层"控制面板右上方的 ≡ 图标，在弹出的菜单中选择"拼合图像"命令即可完成操作。

2.7.9 图层组

当编辑多层图像时，为了方便操作，可以将多个图层建立在一个图层组中。单击"图层"控制面板右上方的 ≡ 图标，在弹出的菜单中选择"新建组"命令，弹出"新建组"对话框，单击"确定"按钮，新建一个图层组，如图 2-121 所示。选中要放置到组中的多个图层，如图 2-122 所示，将其拖曳到图层组中，选中的图层被放置在图层组中，如图 2-123 所示。

图 2-121   图 2-122   图 2-123

2.8　恢复操作的应用

在绘制和编辑图像的过程中，经常会错误地执行一个步骤或对制作的一系列效果不满意。当希望恢复到前一步或原来的图像效果时，可以使用恢复操作命令。

2.8.1　恢复到上一步的操作

在编辑图像的过程中可以随时将操作返回到上一步，也可以将图像还原到恢复前的效果。选择"编辑 > 还原"命令，或按 Ctrl+Z 组合键，可以恢复到图像的上一步操作。如果想将图像还原到恢复前的效果，再按 Ctrl+Z 组合键即可。

2.8.2　中断操作

用 Photoshop CC 进行图像处理时，如果想中断正在进行的操作，可以按 Esc 键。

2.8.3　恢复到操作过程的任意步骤

"历史记录"控制面板可以将进行过多次处理操作的图像恢复到任一步操作时的状态，即所谓的"多次恢复功能"。选择"窗口 > 历史记录"命令，弹出"历史记录"控制面板，如图 2-124 所示。

图 2-124

控制面板下方的按钮从左至右依次为"从当前状态创建新文档"按钮 、"创建新快照"按钮 和"删除当前状态"按钮 。

单击控制面板右上方的 图标，弹出面板菜单，如图 2-125 所示。

前进一步：用于将滑块向下移动一位。

后退一步：用于将滑块向上移动一位。

新建快照：用于根据当前滑块所指的操作记录建立新的快照。

删除：用于删除控制面板中滑块所指的操作记录。

清除历史记录：用于清除控制面板中除最后一条记录外的所有记录。

新建文档：用于由当前状态或者快照建立新的文件。

历史记录选项：用于设置"历史记录"控制面板。

"关闭"和"关闭选项卡组"：用于关闭"历史记录"控制面板和控制面板所在的选项卡组。

图 2-125

第**3**章　绘制和编辑选区

本章介绍

本章将主要介绍 Photoshop CC 2018 选区的概念、绘制选区的方法以及编辑选区的技巧。通过学习本章内容，读者可以学会绘制规则与不规则的选区，并对选区进行移动、反选、羽化等调整操作。

- -

学习目标

- 掌握选择工具的使用方法。
- 熟悉选区的操作技巧。

- -

技能目标

- 熟练掌握"圣诞贺卡"的制作方法。
- 熟练掌握"写真照片模板"的制作方法。

3.1 选择工具的使用

对图像进行编辑，首先要进行选择图像的操作。能够快捷、精确地选择图像是提高处理图像效率的关键。

3.1.1 课堂案例——制作圣诞贺卡

【案例学习目标】学习使用不同的选取工具选择不同外形的图像，并应用移动工具将其合成一张卡片图像。

【案例知识要点】使用磁性套索工具抠出标识牌图像，使用魔棒工具抠出文字，使用自由变换工具调整图像大小，使用复制命令复制图层，最终效果如图 3-1 所示。

【效果所在位置】Ch03\效果\制作圣诞贺卡.psd。

图 3-1

（1）按 Ctrl + O 组合键，打开本书学习资源中的"Ch03 > 素材 > 制作圣诞贺卡 > 01、02"文件，如图 3-2 和图 3-3 所示。

图 3-2

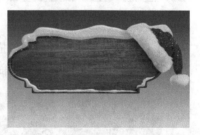

图 3-3

（2）选择"磁性套索"工具 ，在 02 图像窗口中沿着标识牌边缘拖曳鼠标绘制选区，"磁性套索"工具的磁性轨迹会紧贴图像的轮廓，使图像周围生成选区，如图 3-4 所示。选择"移动"工具 ，将选区中的图像拖曳到 01 图像窗口中适当的位置，效果如图 3-5 所示。在"图层"控制面板中生成新的图层并将其命名为"木牌"。

（3）按 Ctrl+T 组合键，在图像周围出现变换框，按住 Shift 键的同时，向内拖曳右上角的控制手柄等比例缩小图片，如图 3-6 所示，然后将图片拖曳到适当的位置，按 Enter 键确认操作，效果如图 3-7 所示。

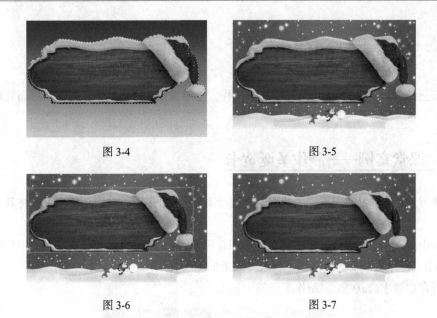

图 3-4　　　　　　　　　　　　　　　图 3-5

图 3-6　　　　　　　　　　　　　　　图 3-7

（4）按 Ctrl + O 组合键，打开本书学习资源中的"Ch03 > 素材 > 制作圣诞贺卡 > 03"文件。选择"魔棒"工具 ，在属性栏中将"容差"选项设为 32，取消选择"连续"复选框。在图像窗口中的粉色背景区域单击鼠标左键，图像周围生成选区，如图 3-8 所示。按 Shift+Ctrl+I 组合键，将选区反选，如图 3-9 所示。

图 3-8　　　　　　　　　　　　　　　图 3-9

（5）选择"移动"工具 ，将选区中的图像拖曳到 01 图像窗口中适当的位置，效果如图 3-10 所示。在"图层"控制面板中生成新的图层并将其命名为"文字"，如图 3-11 所示。

图 3-10　　　　　　　　　　　　　　图 3-11

（6）单击"图层"控制面板下方的"添加图层样式"按钮 ，在弹出的菜单中选择"斜面和浮雕"命令，在弹出的对话框中进行设置，如图 3-12 所示；选择"投影"选项，切换到相应的对话框中进行设置，如图 3-13 所示。单击"确定"按钮，效果如图 3-14 所示。

（7）按 Ctrl + O 组合键，打开本书学习资源中的"Ch03 > 素材 > 制作圣诞贺卡 > 04"文件。选择"魔棒"工具 ，在属性栏中将"容差"选项设为 32。在图像窗口中的黑色背景区域单击鼠标左键，图像周围生成选区。按 Shift+Ctrl+I 组合键，将选区反选，如图 3-15 所示。

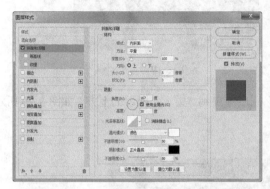

图 3-12　　　　　　　　　　　　　　　　图 3-13

图 3-14　　　　　　　　　　　　图 3-15

（8）选择"移动"工具 ，将选区中的图像拖曳到 01 图像窗口中适当的位置，效果如图 3-16 所示。在"图层"控制面板中生成新的图层并将其命名为"礼物"。

（9）按 Ctrl + O 组合键，打开本书学习资源中的"Ch03 > 素材 > 制作圣诞贺卡 > 05"文件。选择"移动"工具 ，将栅栏图像拖曳到 01 图像窗口中适当的位置，效果如图 3-17 所示。在"图层"控制面板中生成新的图层并将其命名为"栅栏"。

图 3-16　　　　　　　　　　　　图 3-17

（10）按 Ctrl + O 组合键，打开本书学习资源中的"Ch03 > 素材 > 制作圣诞贺卡 > 06"文件。选择"移动"工具 ，将雪人图像拖曳到 01 图像窗口中适当的位置并调整其大小，效果如图 3-18 所示。在"图层"控制面板中生成新的图层并将其命名为"雪人"。

（11）在"图层"控制面板中选中"栅栏"图层，在图像窗口中，按住 Alt 键的同时水平向右拖曳栅栏图片到适当的位置，复制栅栏图片，效果如图 3-19 所示。在"图层"控制面板中生成新的图层"栅栏 拷贝"。

图 3-18   图 3-19

（12）在"图层"控制面板中，将"栅栏 拷贝"图层拖曳到"雪人"图层的上方，如图 3-20 所示，效果如图 3-21 所示。

图 3-20   图 3-21

（13）按 Ctrl+T 组合键，在图像周围出现变换框，按住 Shift 键的同时，向内拖曳右上角的控制手柄等比例缩小图片，如图 3-22 所示，然后将图片拖曳到适当的位置，按 Enter 键确认操作，效果如图 3-23 所示。

图 3-22   图 3-23

（14）按 Ctrl + O 组合键，打开本书学习资源中的"Ch03 > 素材 > 制作圣诞贺卡 > 07"文件。选择"移动"工具 ，将礼物图像拖曳到 01 图像窗口中适当的位置，效果如图 3-24 所示。在"图层"控制面板中生成新的图层并将其命名为"礼物漂浮"，如图 3-25 所示。圣诞贺卡制作完成。

图 3-24   图 3-25

3.1.2　选框工具

使用矩形选框工具可以在图像或图层中绘制矩形选区。

选择"矩形选框"工具◻，或反复按 Shift+M 组合键，其属性栏状态如图 3-26 所示。

图 3-26

新选区◻：去除旧选区，绘制新选区。

添加到选区◻：在原有选区的上面增加新的选区。

从选区减去◻：在原有选区上减去新选区的部分。

与选区交叉◻：选择新选区和旧选区重叠的部分。

羽化：用于设定选区边界的羽化程度。

消除锯齿：用于清除选区边缘的锯齿。

样式：用于选择类型。

选择"矩形选框"工具◻，在图像窗口中适当的位置拖曳鼠标绘制选区。松开鼠标，矩形选区绘制完成，如图 3-27 所示。按住 Shift 键的同时，在图像窗口中拖曳鼠标可以绘制出正方形选区，如图 3-28 所示。

图 3-27　　　　　　　　　图 3-28

在属性栏中选择"样式"选项下拉列表中的"固定比例"，将"宽度"选项设为 2，"高度"选项设为 3，如图 3-29 所示。在图像中绘制固定比例的选区，效果如图 3-30 所示。单击"高度和宽度互换"按钮◻，可以快速地将"宽度"和"高度"选项的数值互换，互换后绘制的选区效果如图 3-31 所示。

图 3-29

图 3-30　　　　　　　　　图 3-31

在属性栏中选择"样式"选项下拉列表中的"固定大小"，在"宽度"和"高度"选项中输入数值，单位只能是像素，如图 3-32 所示。绘制固定大小的选区，效果如图 3-33 所示。单击"高度和宽度互换"按钮 ，可以快速地将"宽度"和"高度"选项的数值互换，互换后绘制的选区效果如图 3-34 所示。

图 3-32

图 3-33   图 3-34

因"椭圆选框"工具的应用与"矩形选框"工具基本相同，这里就不再赘述。

3.1.3 套索工具

使用套索工具可以在图像或图层中绘制不规则形状的选区，选取不规则形状的图像。

选择"套索"工具 ，或反复按 Shift+L 组合键，其属性栏状态如图 3-35 所示。

图 3-35

选择"套索"工具 ⚲，在图像上拖曳鼠标进行绘制，如图 3-36 所示。松开鼠标，选择区域自动封闭，生成选区，效果如图 3-37 所示。

图 3-36   图 3-37

3.1.4 魔棒工具

魔棒工具可以用来选取图像中的某一点，并将与这一点颜色相同或相近的点自动融入选区中。

选择"魔棒"工具 ⚲，或反复按 Shift+W 组合键，其属性栏状态如图 3-38 所示。

图 3-38

取样大小：用于设置取样范围的大小。

容差：用于控制色彩的范围，数值越大，可容许的颜色范围越大。

连续：用于选择单独的色彩范围。

对所有图层取样：用于将所有可见层中颜色容许范围内的色彩加入选区。

选择"魔棒"工具 ，在图像中单击需要选择的颜色区域，即可得到需要的选区，如图 3-39 所示。将"容差"选项设为 100，再次单击需要选择的区域，生成选区，效果如图 3-40 所示。

图 3-39   图 3-40

3.2 选区的操作技巧

在建立选区后，可以对选区进行一系列的操作，如移动选区、调整选区、羽化选区等。

3.2.1 课堂案例——制作写真照片模板

【案例学习目标】学习调整选区属性制作照片模板。

【案例知识要点】使用矩形选框工具和删除命令制作图像虚化效果，使用矩形选框工具、填充命令、移动工具和创建剪贴蒙版命令制作照片效果，最终效果如图 3-41 所示。

【效果所在位置】Ch03\效果\制作写真照片模板.psd。

图 3-41

（1）按 Ctrl + O 组合键，打开本书学习资源中的"Ch03 > 素材 > 制作写真照片模板 > 01、02"文件，如图 3-42 和图 3-43 所示。

图 3-42   图 3-43

（2）选择"移动"工具 ，将 02 图片拖曳到 01 图像窗口中适当的位置并调整其大小，效果如图 3-44 所示。在"图层"控制面板中生成新的图层并将其命名为"人物"，如图 3-45 所示。

图 3-44 图 3-45

（3）选择"矩形选框"工具 📐，在属性栏中将"羽化"选项设为 60 像素。在图像窗口中绘制羽化的选区，如图 3-46 所示。按 Shift+Ctrl+I 组合键，将选区反选，如图 3-47 所示。

图 3-46 图 3-47

（4）按 3 次 Delete 键，删除选区中的图像，效果如图 3-48 所示。按 Ctrl+D 组合键，取消选区，效果如图 3-49 所示。

图 3-48 图 3-49

（5）新建图层并将其命名为"矩形"。选择"矩形选框"工具 📐，在属性栏中将"羽化"选项设为 0 像素。在图像窗口中绘制选区，如图 3-50 所示。将前景色设为黑色，按 Alt+Delete 组合键，用前景色填充选区。按 Ctrl+D 组合键，取消选区，效果如图 3-51 所示。

图 3-50 图 3-51

（6）按 Ctrl + O 组合键，打开本书学习资源中的"Ch03 > 素材 > 制作写真照片模板 > 03"文件。选择"移动"工具 ⊕，将 03 图片拖曳到 01 图像窗口中适当的位置并调整其大小，效果如图 3-52 所示。在"图层"控制面板中生成新的图层并将其命名为"照片 1"。按 Alt+Ctrl+G 组合键，创建剪贴蒙版，图像效果如图 3-53 所示。

图 3-52　　　　　　　　　　　　　　　图 3-53

（7）单击"图层"控制面板下方的"创建新的填充或调整图层"按钮 ●，在弹出的菜单中选择"黑白"命令，在"图层"控制面板生成"黑白 1"图层，同时弹出"黑白"面板，单击 按钮，其他选项的设置如图 3-54 所示。按 Enter 键确认操作，图像效果如图 3-55 所示。

图 3-54　　　　　　　　　　　　　　　图 3-55

（8）按住 Shift 键的同时，单击"矩形"图层，将需要的图层同时选取，如图 3-56 所示。按住 Alt 键的同时，在图像窗口中将选取的图层图像拖曳到适当的位置，效果如图 3-57 所示。按住 Ctrl 键的同时，将需要的图层同时选取，如图 3-58 所示。按 Delete 键，删除选取的图层，图像效果如图 3-59 所示。

图 3-56　　　　　　　　　　　　　　　图 3-57

图 3-58   图 3-59

（9）按 Ctrl + O 组合键，打开本书学习资源中的"Ch03 > 素材 > 制作写真照片模板 > 04"文件。选择"移动"工具 ⊕，将 04 图片拖曳到 01 图像窗口中适当的位置并调整其大小，效果如图 3-60 所示。在"图层"控制面板中生成新的图层并将其命名为"照片 2"。按 Alt+Ctrl+G 组合键，创建剪贴蒙版，图像效果如图 3-61 所示。用相同的方法制作其他图片，效果如图 3-62 所示。写真照片模板制作完成。

图 3-60   图 3-61   图 3-62

3.2.2   移动选区

选择"椭圆选框"工具 ⊙，在图像中绘制选区，将鼠标光标放在选区中，光标变为 ⊦ 图标，如图 3-63 所示。按住鼠标并进行拖曳，光标变为 ▶ 图标，将选区拖曳到其他位置，如图 3-64 所示。松开鼠标，即可完成选区的移动，效果如图 3-65 所示。

图 3-63   图 3-64   图 3-65

在使用矩形选框工具和椭圆选框工具绘制选区时，不要松开鼠标，按住 Spacebar（空格）键的同时拖曳鼠标，即可移动选区。绘制出选区后，使用键盘中的方向键可以将选区沿各方向移动 1 个像素，使用 Shift+方向组合键可以将选区沿各方向移动 10 个像素。

3.2.3　羽化选区

羽化选区可以使图像产生柔和的效果。

选择"矩形选框"工具 ▣，在图像中绘制选区，如图 3-66 所示。选择"选择 > 修改 > 羽化"命令，弹出"羽化选区"对话框，设置羽化半径的数值，如图 3-67 所示，单击"确定"按钮，选区被羽化。按 Shift+Ctrl+I 组合键，将选区反选，如图 3-68 所示。

图 3-66

图 3-67

图 3-68

在选区中填充颜色后，取消选区，效果如图 3-69 所示。还可以在绘制选区前在所使用的工具的属性栏中直接输入羽化的数值，如图 3-70 所示，此时绘制的选区自动成为带有羽化边缘的选区。

图 3-69

图 3-70

3.2.4　取消选区

选择"选择 > 取消选择"命令，或按 Ctrl+D 组合键，可以取消选区。

3.2.5　全选和反选选区

选择"选择 > 全部"命令，或按 Ctrl+A 组合键，可以选取全部图像像素，效果如图 3-71 所示。

选择"选择 > 反向"命令，或按 Shift+Ctrl+I 组合键，可以对当前的选区进行反向选取，反选选区前后的效果如图 3-72 和图 3-73 所示。

图 3-71

图 3-72

图 3-73

课堂练习——绘制蝴蝶插画

【练习知识要点】使用魔棒工具选取图像，使用移动工具移动选区中的图像，使用复制命令复制图层；使用水平翻转命令翻转图像，使用自由变换工具调整图像大小，最终效果如图 3-74 所示。

【效果所在位置】Ch03\效果\绘制蝴蝶插画.psd。

图 3-74

课后习题——制作温馨家庭照片模板

【习题知识要点】使用羽化选区命令制作柔和的图像效果，使用魔棒工具、反选命令、收缩命令和移动工具添加人物图片，最终效果如图 3-75 所示。

【效果所在位置】Ch03\效果\制作温馨家庭照片模板.psd。

图 3-75

第**4**章　绘制图像

本章介绍

本章主要介绍 Photoshop CC 画笔工具的使用方法以及填充工具的使用技巧。通过学习本章内容，读者将可以用画笔工具绘制出丰富多彩的图像效果，用填充工具制作出多样的填充效果。

学习目标

- 了解绘图工具和历史记录画笔工具的使用方法。
- 掌握渐变工具和油漆桶工具的操作方法。
- 熟悉填充工具和描边命令的使用方法。

技能目标

- 熟练掌握"花艺吊牌"的制作方法。
- 熟练掌握"浮雕插画"的制作方法。
- 熟练掌握"手机图标"的制作方法。
- 熟练掌握"卡片"的制作方法。

4.1 绘图工具的使用

学会使用绘图工具是绘画和编辑图像的基础。使用画笔工具可以绘制出各种绘画效果。使用铅笔工具可以绘制出各种硬边效果的图像。

4.1.1 课堂案例——制作花艺吊牌

【案例学习目标】学习使用画笔工具绘制花艺吊牌。

【案例知识要点】使用画笔工具绘制手指和花朵，使用横排文字工具添加文字，最终效果如图 4-1 所示。

【效果所在位置】Ch04\效果\制作花艺吊牌.psd。

图 4-1

（1）按 Ctrl + O 组合键，打开本书学习资源中的"Ch04 > 素材 > 制作花艺吊牌 > 01"文件，如图 4-2 所示。

（2）新建图层并将其命名为"红色手指"。将前景色设为红色（其 R、G、B 的值分别为 152、15、13）。选择"画笔"工具 ，在属性栏中单击"画笔"选项，在弹出的面板中选择需要的画笔形状，如图 4-3 所示。单击属性栏中的"切换画笔设置面板"按钮 ，在弹出的"画笔设置"控制面板中进行设置，如图 4-4 所示。在图像窗口中拖曳鼠标绘制红色手指图形，效果如图 4-5 所示。

（3）新建图层并将其命名为"绿叶"。将前景色设为绿色（其 R、G、B 的值分别为 48、169、106）。在属性栏中单击"画笔"选项，在弹出的面板中选择需要的画笔形状，将"大小"选项设为 5 像素，如图 4-6 所示。在图像窗口中拖曳鼠标绘制叶子图形，效果如图 4-7 所示。

图 4-2

图 4-3

图 4-4

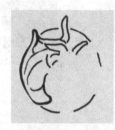

图 4-5

图 4-6

图 4-7

（4）用上述的方法新建图层并将其命名为"粉色花朵"，选择"画笔"工具 ，绘制其他图形，并分别填充适当的颜色，效果如图 4-8 所示。

（5）将前景色设为浅粉色（其 R、G、B 的值分别为 235、89、182）。选择"横排文字"工具 T，在图像窗口中输入需要的文字并选取文字，在属性栏中选择合适的字体并设置大小，效果如图 4-9 所示。在"图层"控制面板中生成新的文字图层。用相同的方法输入需要的文字，并填充适当的颜色，效果如图 4-10 所示。

（6）按住 Shift 键的同时，依次单击需要的图层，将其同时选取，如图 4-11 所示。按 Ctrl + G 组合键，将选取的图层编组，效果如图 4-12 所示。

图 4-8　　　　　图 4-9　　　　　　图 4-10　　　　　　图 4-11　　　　　　图 4-12

（7）在"图层"控制面板中，按住 Shift 键的同时，将文字图层选中，如图 4-13 所示。按 Ctrl+T 组合键，图像周围出现变换框，旋转变换框右上角的控制手柄，旋转图像，如图 4-14 所示。按 Enter 键确认操作。

（8）将"组 1"图层组拖曳到"图层"控制面板下方的"创建新图层"按钮 上进行复制，生成新的图层组并将其命名为"组 2"，如图 4-15 所示。按 Ctrl+T 组合键，图像周围出现变换框，拖曳右上角的控制手柄等比例放大图片，并适当旋转图像，按 Enter 键确认操作。将调整好的图片拖曳到适当位置，效果如图 4-16 所示。花艺吊牌绘制完成。

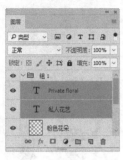

图 4-13　　　　　　图 4-14　　　　　　图 4-15　　　　　　图 4-16

4.1.2　画笔工具

选择"画笔"工具 ✐，或反复按 Shift+B 组合键，其属性栏状态如图 4-17 所示。

图 4-17

画笔预设 ✱ ：用于选择和设置预设的画笔。

模式：用于选择绘画颜色与下面现有像素的混合模式。

不透明度：可以设定画笔颜色的不透明度。

不透明度压力控制 ✐：可以对不透明度使用压力。

流量：用于设定喷笔压力，压力越大，喷色越浓。

启用喷枪模式 ✐：可以启用喷枪功能。

平滑：设置画笔边缘的平滑度。

平滑选项 ✱：设置其他平滑度选项。

绘图板压力控制 ✐：使用压感笔压力可以覆盖"画笔"中的"不透明度"和"大小"的设置。

选择"画笔"工具 ✐，在属性栏中设置画笔，如图 4-18 所示，在图像窗口中拖曳鼠标可以绘制出如图 4-19 所示的效果。

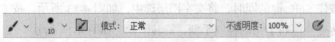

图 4-18　　　　　　　　　　　　　　　　　图 4-19

　　单击"画笔预设"选项，弹出如图 4-20 所示的画笔选择面板，可以选择画笔形状。拖曳"大小"选项下方的滑块或直接输入数值，可以设置画笔的大小。如果选择的画笔是基于样本的，将显示"恢复到原始大小"按钮 ↺，单击此按钮，可以使画笔的大小恢复到初始大小。

　　单击画笔选择面板右上方的 ✱ 按钮，弹出下拉菜单，如图 4-21 所示。

新建画笔预设：用于建立新画笔。

新建画笔组：用于建立新的画笔组。

重命名画笔：用于重新命名画笔。

删除画笔：用于删除当前选中的画笔。

画笔名称：在画笔选择面板中显示画笔名称。

画笔描边：在画笔选择面板中显示画笔描边。

画笔笔尖：在画笔选择面板中显示画笔笔尖。

显示其他预设信息：在画笔选择面板中显示其他预设信息。

显示近期画笔：在画笔选择面板中显示近期使用过的画笔。

预设管理器：用于在弹出的预设管理器对话框中编辑画笔。

图 4-20   图 4-21

恢复默认画笔：用于恢复默认状态的画笔。

导入画笔：用于将存储的画笔载入面板。

导出选中的画笔：用于将正在选取的画笔存储导出。

获取更多画笔：用于在官网上获取更多的画笔形状。

转换后的旧版工具预设：将转换后的旧版工具预设画笔集恢复为画笔预设列表。

旧版画笔：将旧版的画笔集恢复为画笔预设列表。

在画笔选择面板中单击"从此画笔创建新的预设"按钮 ，弹出如图 4-22 所示的"新建画笔"对话框。单击属性栏中的"切换画笔设置面板"按钮 ，弹出如图 4-23 所示的"画笔设置"控制面板。

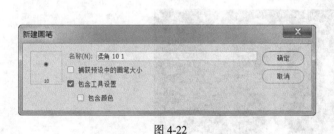 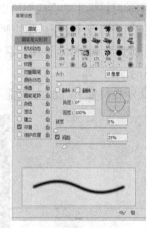

图 4-22   图 4-23

4.1.3 铅笔工具

选择"铅笔"工具 ，或反复按 Shift+B 组合键，其属性栏状态如图 4-24 所示。

图 4-24

自动抹除：用于自动判断绘画时的起始点颜色，如果起始点颜色为背景色，则铅笔工具将以前景色绘制；如果起始点颜色为前景色，铅笔工具则会以背景色绘制。

选择"铅笔"工具 ✐，在属性栏中选择笔触大小，勾选"自动抹除"复选框，如图 4-25 所示，此时绘制效果与鼠标所单击的起始点颜色有关，当鼠标单击的起始点颜色与前景色相同时，"铅笔"工具 ✐ 将行使"橡皮擦"工具 ✐ 的功能，以背景色绘图；如果鼠标单击的起始点颜色不是前景色，绘图时仍然会保持以前景色绘制。

将前景色和背景色分别设定为洋红色和黄色，在图像窗口中单击鼠标，画出一个黄色图形，在黄色图形上单击绘制下一个图形，用相同的方法继续绘制，效果如图 4-26 所示。

图 4-25   图 4-26

4.2 应用历史记录画笔工具

历史记录画笔工具主要用于将图像恢复到以前某一历史状态，以形成特殊的图像效果。

4.2.1 课堂案例——制作浮雕插画

【案例学习目标】学会应用历史记录艺术画笔工具、调色命令和滤镜命令制作油画效果。

【案例知识要点】使用新建快照命令、不透明度选项和历史记录艺术画笔工具制作油画效果，使用去色命令调整图片的颜色，使用混合模式选项和浮雕效果滤镜命令为图片添加浮雕效果，最终效果如图 4-27 所示。

【效果所在位置】Ch04\效果\制作浮雕插画.psd。

图 4-27

（1）按 Ctrl + O 组合键，打开本书学习资源中的"Ch04 > 素材 > 制作浮雕插画 > 01"文件，如图 4-28 所示。选择"窗口 > 历史记录"命令，弹出"历史记录"控制面板，单击面板右上方的 ☰ 图标，在弹出的菜单中选择"新建快照"命令，弹出"新建快照"对话框，如图 4-29 所示。单击"确定"按钮，创建快照 1。

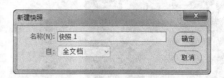

图 4-28   图 4-29

（2）新建图层并将其命名为"黑色填充"。将前景色设为黑色。按 Alt+Delete 组合键，用前景色填充图层。在"图层"控制面板上方，将"黑色填充"图层的"不透明度"选项设为 80%，如图 4-30 所示，按 Enter 键确认操作，图像效果如图 4-31 所示。

（3）新建图层并将其命名为"画笔"。选择"历史记录艺术画笔"工具 ，单击属性栏中的"切换画笔设置面板"按钮 ，弹出"画笔设置"控制面板，设置如图 4-32 所示。在图像窗口中拖曳鼠标绘制图形，效果如图 4-33 所示。

（4）单击"黑色填充"和"背景"图层左侧的眼睛图标 ，将"黑色填充"和"背景"图层隐藏，观看绘制的情况，如图 4-34 所示。继续拖曳鼠标进行涂抹，直到笔刷铺满图像窗口，显示出隐藏的图层，效果如图 4-35 所示。

图 4-30   图 4-31   图 4-32

图 4-33   图 4-34   图 4-35

（5）将"画笔"图层拖曳到控制面板下方的"创建新图层"按钮 上进行复制，生成新的图层"画笔 拷贝"。选择"图像 > 调整 > 去色"命令，去除图像颜色，效果如图 4-36 所示。在"图层"控制面板上方，将"画笔 拷贝"图层的混合模式选项设为"叠加"，如图 4-37 所示，图像效果如图 4-38 所示。

图 4-36   图 4-37   图 4-38

（6）选择"滤镜 > 风格化 > 浮雕效果"命令，在弹出的对话框中进行设置，如图 4-39 所示。单击"确定"按钮，效果如图 4-40 所示。

（7）选择"横排文字"工具 T，在图像窗口中输入需要的文字并选取文字，在属性栏中选择合适的字体并设置大小，效果如图 4-41 所示。在"图层"控制面板中生成新的文字图层。浮雕插画制作完成。

图 4-39   图 4-40   图 4-41

4.2.2　历史记录画笔工具

历史记录画笔工具是与"历史记录"控制面板结合起来使用的，主要用于将图像的部分区域恢复到以前某一历史状态，以形成特殊的图像效果。

打开一张图片，如图 4-42 所示。为图片添加滤镜效果，如图 4-43 所示。"历史记录"控制面板如图 4-44 所示。

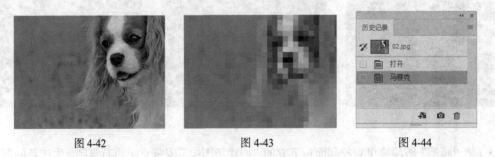

图 4-42   图 4-43   图 4-44

选择"椭圆选框"工具 ○，在属性栏中将"羽化"选项设为 50，在图像上绘制椭圆选区，如图 4-45 所示。选择"历史记录画笔"工具 ，在"历史记录"控制面板中单击"打开"步骤左侧的方框，设置历史记录画笔的源，显示出 图标，如图 4-46 所示。

图 4-45　　　　　　　　　　　　　　图 4-46

用"历史记录画笔"工具  在选区中涂抹，如图 4-47 所示。取消选区后的效果如图 4-48 所示。"历史记录"控制面板如图 4-49 所示。

图 4-47　　　　　　　　　　　图 4-48　　　　　　　　　　　图 4-49

4.2.3　历史记录艺术画笔工具

历史记录艺术画笔工具和历史记录画笔工具的用法基本相同。区别在于使用历史记录艺术画笔工具绘图时可以产生艺术效果。

选择"历史记录艺术画笔"工具 ，其属性栏状态如图 4-50 所示。

图 4-50

样式：用于选择一种艺术笔触。

区域：用于设置画笔绘制时所覆盖的像素范围。

容差：用于设置画笔绘制时的间隔时间。

打开一张图片，如图 4-51 所示。用颜色填充图像，效果如图 4-52 所示。"历史记录"控制面板如图 4-53 所示。

图 4-51　　　　　　　　　　　图 4-52　　　　　　　　　　　图 4-53

在"历史记录"控制面板中单击"打开"步骤左侧的方框，设置历史记录画笔的源，显示出 图标，如图 4-54 所示。选择"历史记录艺术画笔"工具 ![icon]，在属性栏中进行设置，如图 4-55 所示。

图 4-54   图 4-55

使用"历史记录艺术画笔"工具 ![icon] 在图像上涂抹，效果如图 4-56 所示。"历史记录"控制面板如图 4-57 所示。

图 4-56   图 4-57

4.3 渐变工具和油漆桶工具

应用渐变工具可以创建多种颜色间的渐变效果，使用油漆桶工具可以改变图像的色彩，使用吸管工具可以吸取需要的色彩。

4.3.1 课堂案例——制作手机图标

【案例学习目标】学习使用绘图工具和渐变工具制作时钟图标。

【案例知识要点】使用圆角矩形工具、矩形工具、钢笔工具绘制图标，使用渐变工具填充渐变图标，最终效果如图 4-58 所示。

【效果所在位置】Ch04\效果\制作手机图标.psd。

图 4-58

（1）按 Ctrl + N 组合键，新建一个文件，宽度为 6.5cm，高度为 6.5cm，分辨率为 300 像素/英寸，颜色模式为 RGB，背景内容为白色，单击"确定"按钮，完成文档的创建。

（2）选择"渐变"工具 ▣，单击属性栏中的"点按可编辑渐变"按钮 ▨，弹出"渐变编辑器"对话框，将渐变色设为从灰色（其 R、G、B 的值分别为 104、104、104）到白色，如图 4-59 所示，单击"确定"按钮，完成渐变色的设置。单击属性栏中的"径向渐变"按钮 ▣，在属性栏中勾选"反向"复选框，在图像窗口中从中心向左上方拖曳渐变色，图像效果如图 4-60 所示。

（3）将前景色设为白色。选择"圆角矩形"工具 ▣，在属性栏中的"选择工具模式"选项中选择"形状"，将"半径"选项设为 80 像素，按住 Shift 键的同时，在图像窗口中绘制圆角矩形，如图 4-61 所示。在"图层"控制面板中生成新的图层"圆角矩形 1"，如图 4-62 所示。

图 4-59　　　　　　　　图 4-60　　　　　　　　图 4-61　　　　　　　　图 4-62

（4）新建图层并将其命名为"图形"。选择"钢笔"工具 ✑，在属性栏中的"选择工具模式"选项中选择"路径"，在图像窗口中绘制不规则图形，如图 4-63 所示。按 Ctrl+Enter 组合键，将路径转化为选区，如图 4-64 所示。

（5）选择"渐变"工具 ▣，单击属性栏中的"点按可编辑渐变"按钮 ▨，弹出"渐变编辑器"对话框，将渐变色设为从浅红色（其 R、G、B 的值分别为 235、65、85）到深红色（其 R、G、B 的值分别为 160、0、18），如图 4-65 所示，单击"确定"按钮，完成渐变色的设置。选中属性栏中的"线性渐变"按钮 ▣，在属性栏中勾选"反向"复选框，在选区中从右向左水平拖曳渐变色，取消选区后，图像效果如图 4-66 所示。

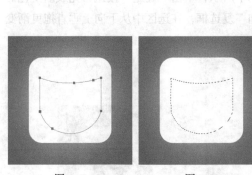　　

图 4-63　　　　　　　　图 4-64　　　　　　　　图 4-65　　　　　　　　图 4-66

（6）将前景色设为红色（其 R、G、B 的值分别为 199、45、60）。选择"矩形"工具 ▣，在属性栏中的"选择工具模式"选项中选择"形状"，在图像窗口中绘制矩形，如图 4-67 所示。在"图层"控制面板中生成新的图层"矩形 1"。

（7）在"图层"控制面板中，将"图形"图层拖曳到"矩形 1"图层的上方，如图 4-68 所示，效果如图 4-69 所示。

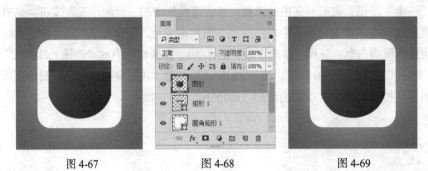

图 4-67　　　　　　　　图 4-68　　　　　　　　图 4-69

（8）选择"文件 > 置入嵌入对象"命令，在弹出的"置入嵌入的对象"对话框中，选中本书学习资源中的"Ch04 > 素材 > 制作手机图标 > 01"文件，单击"置入"按钮，在图像窗口中出现控制框，如图 4-70 所示。按 Enter 键，确认图像的置入，效果如图 4-71 所示。在"图层"控制面板中生成新的图层并将其命名为"装饰"，如图 4-72 所示。

图 4-70　　　　　　　　图 4-71　　　　　　　　图 4-72

（9）新建图层并将其命名为"绿条"。选择"矩形选框"工具，在图像窗口中绘制选区，如图 4-73 所示。选择"渐变"工具，单击属性栏中的"点按可编辑渐变"按钮，弹出"渐变编辑器"对话框，在"位置"选项中分别输入 10、100 两个位置点，分别设置两个位置点颜色的 RGB 值为 10（147、209、174）、100（0、163、71），如图 4-74 所示，单击"确定"按钮，完成渐变色的设置。单击属性栏中的"线性渐变"按钮，勾选"反向"复选框，在选区中从下向上垂直拖曳渐变色，按 Ctrl+D 组合键，取消选区，图像效果如图 4-75 所示。

图 4-73　　　　　　　　图 4-74　　　　　　　　图 4-75

（10）用上述的方法再次绘制 3 个矩形选框，并分别填充相应的渐变色，制作出图 4-76 所示的效果。

（11）按住 Shift 键的同时，在"图层"控制面板中选中需要的图层，如图 4-77 所示。按 Ctrl+Shift+] 组合键，将选中的图层调整至顶层，如图 4-78 所示，效果如图 4-79 所示。手机图标制作完成。

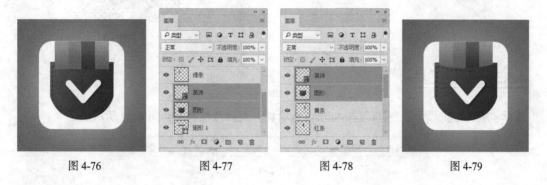

图 4-76　　　　　　图 4-77　　　　　　　图 4-78　　　　　　图 4-79

4.3.2　油漆桶工具

选择"油漆桶"工具 ，或反复按 Shift+G 组合键，其属性栏状态如图 4-80 所示。

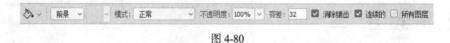

图 4-80

前景 ：在其下拉列表中选择填充前景色还是图案。

：用于选择定义好的图案。

连续的：用于设定填充方式。

所有图层：用于选择是否对所有可见层进行填充。

选择"油漆桶"工具 ，在其属性栏中对"容差"选项进行不同的设定，如图 4-81 和图 4-82 所示，原图像效果如图 4-83 所示。用油漆桶工具在图像中填充颜色，效果如图 4-84 和图 4-85 所示。

图 4-81

图 4-82

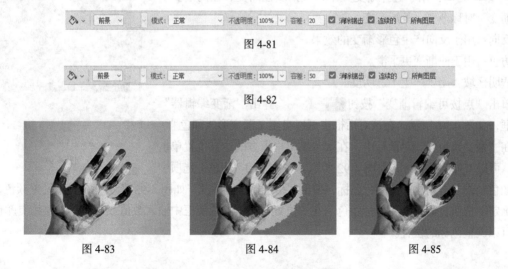

图 4-83　　　　　　图 4-84　　　　　　图 4-85

在属性栏中设置图案，如图 4-86 所示，用油漆桶工具在图像中填充图案，效果如图 4-87 所示。

图 4-86 图 4-87

4.3.3 吸管工具

选择"吸管"工具 ，或反复按 Shift+I 组合键，其属性栏状态如图 4-88 所示。

图 4-88

选择"吸管"工具 ，在图像中需要的位置单击鼠标，当前的前景色将变为吸管吸取的颜色，在"信息"控制面板中将观察到所吸取颜色的色彩信息，如图 4-89 所示。

4.3.4 渐变工具

选择"渐变"工具 ，或反复按 Shift+G 组合键，其属性栏状态如图 4-90 所示。

图 4-89

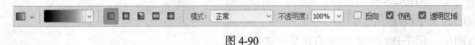

图 4-90

点按可编辑渐变按钮 ：用于选择和编辑渐变的色彩。

 ：用于选择渐变类型，包括线性渐变、径向渐变、角度渐变、对称渐变、菱形渐变。

反向：用于反向产生色彩渐变的效果。

仿色：用于使渐变更平滑。

透明区域：用于产生不透明度。

单击"点按可编辑渐变"按钮 ，弹出"渐变编辑器"对话框，如图 4-91 所示，在该对话框中可以自定义渐变形式和色彩。

在"渐变编辑器"对话框中，在颜色编辑框下方的适当位置单击鼠标，可以增加颜色色标，如图 4-92 所示。在下方的"颜色"选项中

图 4-91

选择颜色，或双击刚建立的颜色色标，弹出"拾色器"对话框，如图 4-93 所示，在其中设置颜色，单击"确定"按钮，即可改变色标颜色。在"位置"选项的数值框中输入数值或用鼠标直接拖曳颜色色标，可以调整色标的位置。

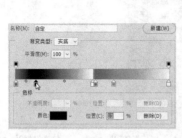
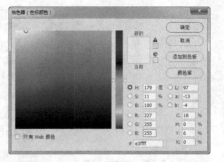

图 4-92　　　　　　　　　　　　　　图 4-93

任意选择一个颜色色标，如图 4-94 所示，单击对话框下方的"删除"按钮 删除(D)，或按 Delete 键，可以将颜色色标删除，如图 4-95 所示。

单击颜色编辑框左上方的黑色色标，如图 4-96 所示，调整"不透明度"选项的数值，可以使开始的颜色到结束的颜色显示为半透明的效果，如图 4-97 所示。

单击颜色编辑框的上方，出现新的色标，如图 4-98 所示，调整"不透明度"选项的数值，可以使新色标的颜色向两边的颜色出现过渡式的半透明效果，如图 4-99 所示。

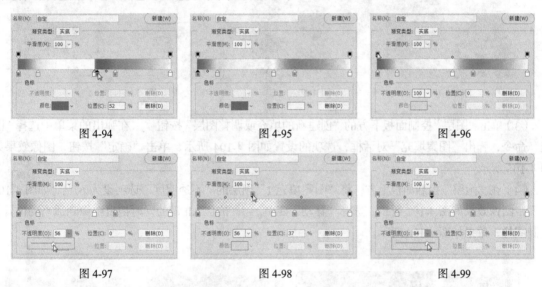

图 4-94　　　　　　　　　　图 4-95　　　　　　　　　　图 4-96

图 4-97　　　　　　　　　　图 4-98　　　　　　　　　　图 4-99

4.4　填充与描边命令

应用填充命令和定义图案命令可以为图像添加颜色和定义好的图案效果，应用描边命令可以为图像描边。

4.4.1　课堂案例——制作卡片

【案例学习目标】学习使用填充命令制作图案背景。

【案例知识要点】使用定义图案命令定义图案，使用填充命令为选区填充颜色，使用填充和描边命令制作图形，使用横排文字工具添加文字，使用直线工具绘制直线，最终效果如图 4-100 所示。

【效果所在位置】Ch04\效果\制作卡片.psd。

图 4-100

（1）按 Ctrl + N 组合键，新建一个文件，宽度为 29.7cm，高度为 21cm，分辨率为 300 像素/英寸，颜色模式为 RGB，背景内容为白色，单击"确定"按钮。将前景色设置为蓝色（其 R、G、B 的值分别为 101、219、227），按 Alt+Delete 组合键，用前景色填充"背景"图层，效果如图 4-101 所示。

（2）按 Ctrl+O 组合键，打开本书学习资源中的"Ch04 > 素材 > 制作卡片 > 01"文件，如图 4-102 所示。选择"编辑 > 定义图案"命令，在弹出的"图案名称"对话框中进行设置，如图 4-103 所示，单击"确定"按钮，完成图案的定义。

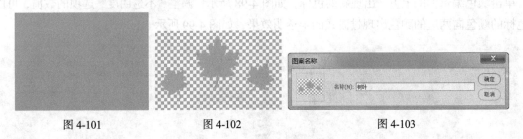

图 4-101　　　　　　　　图 4-102　　　　　　　　图 4-103

（3）单击"图层"控制面板下方的"创建新的填充或调整图层"按钮 ，在弹出的菜单中选择"图案"命令，弹出"图案填充"对话框，选项的设置如图 4-104 所示，单击"确定"按钮，图像效果如图 4-105 所示。

（4）在"图层"控制面板上方，将"图案填充 1"图层的"不透明度"选项设为 67%，如图 4-106 所示，图像效果如图 4-107 所示。选择"移动"工具 ，按住 Alt 键的同时拖曳图像到适当的位置，复制图像，效果如图 4-108 所示。

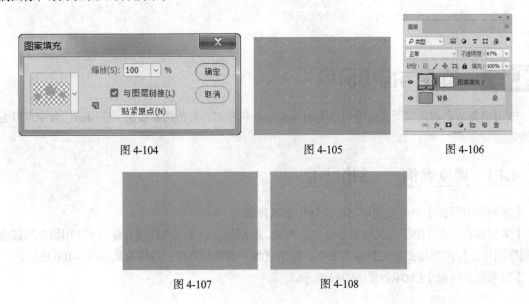

图 4-104　　　　　　　　图 4-105　　　　　　　　图 4-106

图 4-107　　　　　　　　图 4-108

（5）按 Ctrl + O 组合键，打开本书学习资源中的"Ch04 > 素材 > 制作卡片 > 02"文件。选择"移动"工具，将 02 图片拖曳到图像窗口中适当的位置，效果如图 4-109 所示。在"图层"控制面板中生成新图层并将其命名为"女孩"。

（6）新建图层并将其命名为"形状"。将前景色设为褐色（其 R、G、B 的值分别为 102、28、34）。选择"自定形状"工具，在属性栏中单击"形状"选项，弹出"形状"面板。单击面板右上方的按钮，在弹出的菜单中选择"台词框"选项，弹出提示对话框，单击"追加"按钮。在"形状"面板中选择需要的图形，如图 4-110 所示。在属性栏中的"选择工具模式"选项中选择"像素"，在图像窗口中拖曳鼠标绘制图形，效果如图 4-111 所示。

图 4-109　　　　图 4-110　　　　图 4-111

（7）在"图层"控制面板中，按住 Ctrl 键的同时，单击"形状"图层的缩览图，如图 4-112 所示，在图形周围生成选区，效果如图 4-113 所示。

（8）将前景色设为黄色（其 R、G、B 的值分别为 247、228、13）。选择"编辑 > 描边"命令，在弹出的"描边"对话框中进行设置，如图 4-114 所示，单击"确定"按钮，效果如图 4-115 所示。

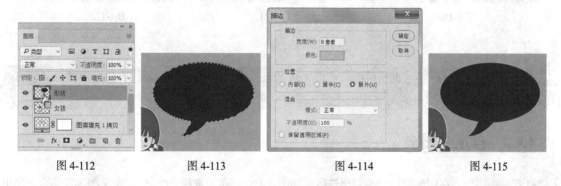
图 4-112　　　　图 4-113　　　　图 4-114　　　　图 4-115

（9）选择"横排文字"工具，在图像窗口中输入需要的文字并选取文字，在属性栏中选择合适的字体并设置大小，效果如图 4-116 所示。在"图层"控制面板中生成新的文字图层。

（10）选择"直线"工具，在属性栏中的"选择工具模式"选项中选择"形状"，将"粗细"选项设为 5 像素，按住 Shift 键的同时在图像窗口中拖曳鼠标绘制直线，效果如图 4-117 所示。选择"移动"工具，按住 Alt 键的同时拖曳图形到适当的位置，复制图形，效果如图 4-118 所示。卡片制作完成。

图 4-116　　　　图 4-117　　　　图 4-118

4.4.2 填充命令

1. 填充对话框

选择"编辑 > 填充"命令，弹出"填充"对话框，如图 4-119
所示。

内容：用于选择填充方式，包括前景色、背景色、颜色、内容
识别、图案、历史记录、黑色、50%灰色、白色。

模式：用于设置填充模式。

不透明度：用于调整不透明度。

2. 填充颜色

打开一张图像，在图像窗口中绘制出选区，如图 4-120 所示。选择"编辑 > 填充"命令，弹出"填
充"对话框，设置如图 4-121 所示。单击"确定"按钮，效果如图 4-122 所示。

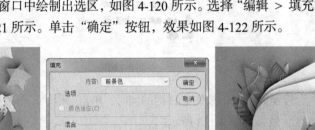

图 4-119

图 4-120　　　　　　　　图 4-121　　　　　　　　图 4-122

> **提示**　按 Alt+Delete 组合键，用前景色填充选区或图层。按 Ctrl+Delete 组合键，用背景色填充选
> 区或图层。按 Delete 键，删除选区中的图像，露出背景色或下面的图像。

4.4.3 自定义图案

打开一张图像，在图像窗口中绘制出选区，如图 4-123 所示。选择"编辑 > 定义图案"命令，弹出
"图案名称"对话框，如图 4-124 所示，单击"确定"按钮，定义图案。按 Ctrl+D 组合键，取消选区。

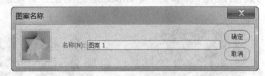

图 4-123　　　　　　　　　　　　　图 4-124

选择"编辑 > 填充"命令，弹出"填充"对话框，在"自定图案"选项面板中选择新定义的图
案，如图 4-125 所示。单击"确定"按钮，效果如图 4-126 所示。

图 4-125

图 4-126

在"填充"对话框的"模式"选项中选择不同的填充模式，如图 4-127 所示。单击"确定"按钮，效果如图 4-128 所示。

图 4-127

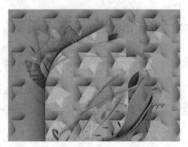

图 4-128

4.4.4　描边命令

1．描边对话框

选择"编辑 > 描边"命令，弹出"描边"对话框，如图 4-129 所示。

描边：用于设定描边的宽度和颜色。

位置：用于设定描边相对于边缘的位置，包括内部、居中和居外 3 个选项。

混合：用于设置描边的模式和不透明度。

2．描边颜色

打开一张图像，在图像窗口中绘制出选区，如图 4-130 所示。选择"编辑 > 描边"命令，弹出"描边"对话框，设置如图 4-131 所示，单击"确定"按钮，为选区描边。取消选区后，效果如图 4-132 所示。

图 4-129

图 4-130

图 4-131

图 4-132

在"描边"对话框的"模式"选项中选择不同的描边模式，如图 4-133 所示。单击"确定"按钮，为选区描边。取消选区后，效果如图 4-134 所示。

图 4-133

图 4-134

课堂练习——绘制时尚装饰画

【练习知识要点】使用画笔工具绘制小草图形，使用横排文字工具添加文字，最终效果如图 4-135 所示。

【效果所在位置】Ch04\效果\绘制时尚装饰画.psd。

图 4-135

课后习题——制作新婚卡片

【习题知识要点】使用自定形状工具绘制图形，使用定义图案命令定义图案，使用填充命令为选区填充颜色，最终效果如图 4-136 所示。

【效果所在位置】Ch04\效果\制作新婚卡片.psd。

图 4-136

第5章 修饰图像

本章介绍

本章主要介绍 Photoshop CC 修饰图像的方法与技巧。通过学习本章内容，读者可以了解和掌握修饰图像的基本方法与操作技巧，应用相关工具快速地仿制图像、修复污点、消除红眼，把有缺陷的图像修复完整。

学习目标

- 掌握修复与修补工具的运用方法。
- 了解修饰工具的使用技巧。
- 熟悉橡皮擦工具的使用技巧。

技能目标

- 熟练掌握"风景插画"的修复方法。
- 熟练掌握"人物照片"的修复方法。
- 熟练掌握"商品照片"的美化方法。
- 熟练掌握"比萨宣传画"的制作方法。

5.1 修复与修补工具

修复与修补工具用于对图像的细微部分进行修整，是处理图像时不可缺少的工具。

5.1.1 课堂案例——修复风景插画

【案例学习目标】学习使用修图工具修复图像。

【案例知识要点】使用修补工具修复图像，最终效果如图 5-1 所示。

【效果所在位置】Ch05\效果\修复风景插画.psd。

图 5-1

（1）按 Ctrl + O 组合键，打开本书学习资源中的"Ch05 > 素材 > 修复风景插画 > 01"文件，如图 5-2 所示。选择"修补"工具 ⚙，在属性栏中的设置如图 5-3 所示，在图像窗口中拖曳鼠标圈选白色区域，生成选区，如图 5-4 所示。

（2）在选区中按住鼠标左键，将选区拖曳到左下方适当的位置，如图 5-5 所示，松开鼠标，选区中的白色图像被新放置的选区位置的图像所修补。按 Ctrl+D 组合键，取消选区，效果如图 5-6 所示。

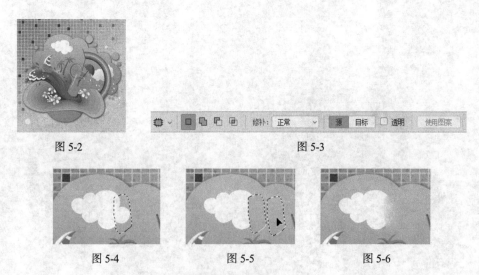

图 5-2   图 5-3

图 5-4   图 5-5   图 5-6

（3）再次选择"修补"工具 ⚙，在图像窗口中拖曳鼠标圈选白色区域，如图 5-7 所示。在选区中按住鼠标左键，将选区拖曳到窗口中无白色的位置，如图 5-8 所示，释放鼠标，选区中的白色图像被修补。按 Ctrl+D 组合键，取消选区，效果如图 5-9 所示。

图 5-7　　　　　　　　　　图 5-8　　　　　　　　　　图 5-9

（4）用相同的方法去除图像窗口中的其他白色部分，效果如图 5-10 所示。按 Ctrl + O 组合键，打开本书学习资源中的"Ch05 > 素材 > 修复风景插画 > 02"文件。选择"移动"工具 ⊕，将 02 图片拖曳到 01 图像窗口中适当的位置，效果如图 5-11 所示，风景插画修复完成。

图 5-10　　　　　　　　　　图 5-11

5.1.2　修复画笔工具

修复画笔工具可以将取样点的像素信息非常自然地复制到图像的破损位置，并保持图像的亮度、饱和度、纹理等属性，使修复的效果更加自然逼真。

选择"修复画笔"工具 ✐，或反复按 Shift+J 组合键，其属性栏状态如图 5-12 所示。

图 5-12

● ：可以选择和设置修复的画笔。单击此选项，在弹出的面板中可设置画笔的大小、硬度、间距、角度、圆度和压力大小，如图 5-13 所示。

模式：可以选择复制像素或填充图案与底图的混合模式。

源：可以设置修复区域的源。选择"取样"按钮后，按住 Alt 键，鼠标光标变为圆形十字图标 ⊕，单击定下样本的取样点，松开鼠标，在图像中要修复的位置拖曳鼠标复制出取样点的图像；选择"图案"按钮后，在右侧的选项中选择图案或自定义图案来填充图像。

对齐：勾选此复选框，下一次的复制位置会和上次的完全重合，图像不会因为重新复制而出现错位。

打开一张图片。选择"修复画笔"工具 ✐，按住 Alt 键的同时，鼠标光标变为圆形十字图标 ⊕，如图 5-14 所示，单击确定取样点，松开鼠标。在要修复的区域单击，修复图像，如图 5-15 所示。用相同的方法修复其他图像，效果如图 5-16 所示。

图 5-13

图 5-14

图 5-15

图 5-16

单击属性栏中的"切换仿制源面板"按钮，弹出"仿制源"控制面板，如图 5-17 所示。

仿制源：激活按钮后，按住 Alt 键的同时，使用修复画笔工具在图像中单击可以设置取样点。单击下一个仿制源按钮，可以继续取样。

源：指定 x 轴和 y 轴的像素位移，可以在相对于取样点的精确位置进行仿制。

W/H：可以缩放所仿制的源。

旋转：在文本框中输入旋转角度，可以旋转仿制的源。

翻转：单击"水平翻转"按钮或"垂直翻转"按钮，可以水平或垂直翻转仿制源。

复位变换：将 W、H、角度值和翻转方向恢复到默认的状态。

图 5-17

显示叠加：勾选此复选框并设置了叠加方式后，在使用修复工具时，可以更好地查看叠加效果以及下面的图像。

不透明度：用来设置叠加图像的不透明度。

已剪切：可以将叠加剪切到画笔大小。

自动隐藏：可以在应用绘画描边时隐藏叠加。

反相：可以反相叠加颜色。

5.1.3　污点修复画笔工具

污点修复画笔工具的工作方式与修复画笔工具相似，使用图像中的样本像素进行绘画，并将样本像素的纹理、光照、透明度和阴影与所修复的像素相匹配。区别在于，污点修复画笔工具不需要指定样本点，将自动从所修复区域的周围取样。

选择"污点修复画笔"工具，或反复按 Shift+J 组合键，其属性栏状态如图 5-18 所示。

图 5-18

选择"污点修复画笔"工具，在属性栏中进行设置，如图 5-19 所示。打开一张图片，如图 5-20 所示。在要修复的污点图像上拖曳鼠标，如图 5-21 所示。松开鼠标，污点被去除，效果如图 5-22 所示。

图 5-19

图 5-20　　　　　　　图 5-21　　　　　　　图 5-22

5.1.4　修补工具

选择"修补"工具，或反复按 Shift+J 组合键，其属性栏状态如图 5-23 所示。

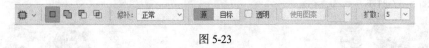

图 5-23

打开一张图片。选择"修补"工具，圈选图像中的糖果，如图 5-24 所示。在属性栏中单击"源"按钮，在选区中拖曳鼠标到需要的位置，如图 5-25 所示。松开鼠标，选区中的糖果被新位置的图像所修补，如图 5-26 所示。按 Ctrl+D 组合键，取消选区，效果如图 5-27 所示。

图 5-24　　　　　　图 5-25　　　　　　图 5-26　　　　　　图 5-27

选择"修补"工具，圈选图像中的区域，如图 5-28 所示。在属性栏中单击"目标"按钮，将选区拖曳到要修补的图像区域，如图 5-29 所示。圈选的图像修补了糖果图像，如图 5-30 所示。按 Ctrl+D 组合键，取消选区，效果如图 5-31 所示。

图 5-28　　　　　　图 5-29　　　　　　图 5-30　　　　　　图 5-31

选择"修补"工具，圈选图像中的区域，如图 5-32 所示。在属性栏的　选项中选择需要的图案，如图 5-33 所示。单击"使用图案"按钮，在选区中填充所选图案。按 Ctrl+D 组合键，取消选区，效果如图 5-34 所示。

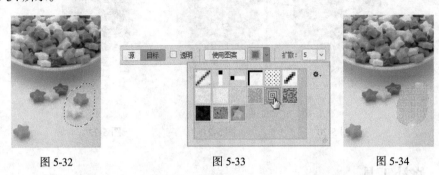

| 图 5-32 | 图 5-33 | 图 5-34 |

选择"修补"工具，圈选图像中的区域，如图 5-35 所示。选择需要的图案，勾选"透明"复选框，如图 5-36 所示。单击"使用图案"按钮，在选区中填充透明图案。按 Ctrl+D 组合键，取消选区，效果如图 5-37 所示。

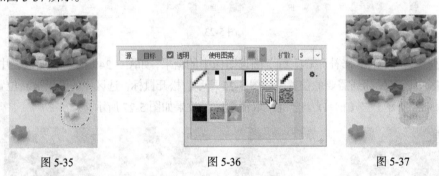

| 图 5-35 | 图 5-36 | 图 5-37 |

5.1.5　内容感知移动工具

内容感知移动工具可以选择和移动图像的一部分。移动后图像重新组合，留下的空洞区域使用图像中的匹配元素填充。

选择"内容感知移动"工具，或反复按 Shift+J 组合键，其属性栏状态如图 5-38 所示。

图 5-38

模式：用于选择重新混合的模式。

结构：用于设置区域保留的严格程度。

投影时变换：勾选此复选框，可以在制作混合时变换图像。

打开一张图片，如图 5-39 所示。选择"内容感知移动"工具，在属性栏中将"模式"选项设为"移动"，在图像窗口中单击并拖曳鼠标绘制选区，如图 5-40 所示。将鼠标光标放置在选区中，单击并向左下方拖曳鼠标，如图 5-41 所示。松开鼠标后，软件自动将选区中的图像移动到新位置，按 Enter 键确认操作，原位置被周围的图像自动修复，取消选区后，效果如图 5-42 所示。

图 5-39　　　　　　图 5-40　　　　　　图 5-41　　　　　　图 5-42

打开一张图片，如图 5-43 所示。选择"内容感知移动"工具 ⚹，在属性栏中将"模式"选项设为"扩展"，在图像窗口中单击并拖曳鼠标绘制选区，如图 5-44 所示。将鼠标光标放置在选区中，单击并向左下方拖曳鼠标，如图 5-45 所示。松开鼠标后，软件自动将选区中的图像扩展复制并移动到新位置，同时出现变换框，如图 5-46 所示。拖曳鼠标旋转图形，如图 5-47 所示，按 Enter 键确认操作。按 Ctrl+D 组合键，取消选区，效果如图 5-48 所示。

图 5-43　　　　图 5-44　　　　图 5-45　　　　图 5-46　　　　图 5-47　　　　图 5-48

5.1.6　红眼工具

红眼工具可以去除用闪光灯拍摄的人物照片中的红眼和白色、绿色反光。

选择"红眼"工具 ➕◉，或反复按 Shift+J 组合键，其属性栏状态如图 5-49 所示。

图 5-49

瞳孔大小：用于设置瞳孔的大小。

变暗量：用于设置瞳孔的暗度。

打开一张人物照片，如图 5-50 所示。选择"红眼"工具 ➕◉，在属性栏中进行设置，如图 5-51 所示。在照片中瞳孔的位置单击，如图 5-52 所示。去除照片中的红眼，效果如图 5-53 所示。

图 5-50　　　　　　图 5-51　　　　　　图 5-52　　　　图 5-53

5.1.7 课堂案例——修复人物照片

【案例学习目标】学习使用多种修图工具修复人物照片。

【案例知识要点】使用缩放工具调整图像的显示大小，使用仿制图章工具修复人物图像上的污点，使用模糊工具模糊图像，最终效果如图 5-54 所示。

【效果所在位置】Ch05\效果\修复人物照片.psd。

图 5-54

（1）按 Ctrl + O 组合键，打开本书学习资源中的"Ch05 > 素材 > 修复人物照片 > 01"文件，如图 5-55 所示。按 Ctrl+J 组合键，复制图层。选择"缩放"工具，图像窗口中的鼠标光标变为放大工具图标，单击鼠标将图像放大，如图 5-56 所示。

（2）选择"红眼"工具，在属性栏中进行设置，如图 5-57 所示。在照片中瞳孔的位置单击，去除照片中的红眼，效果如图 5-58 所示。

图 5-55   图 5-56   图 5-57   图 5-58

（3）选择"仿制图章"工具，在属性栏中单击"画笔"选项，弹出画笔选择面板，选择需要的画笔形状，设置如图 5-59 所示。将仿制图章工具放在脸部需要取样的位置，按住 Alt 键的同时，鼠标光标变为圆形十字图标，单击鼠标确定取样点，如图 5-60 所示。将鼠标光标放置在需要修复的位置，如图 5-61 所示。单击鼠标去掉斑点，效果如图 5-62 所示。用相同的方法去除人物脸部的所有斑点，效果如图 5-63 所示。

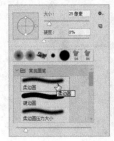

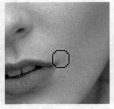
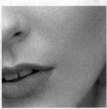

图 5-59   图 5-60   图 5-61   图 5-62   图 5-63

（4）选择"模糊"工具 ，在属性栏中将"强度"选项设为50%，如图5-64所示。单击"画笔"
选项，弹出画笔选择面板，选择需要的画笔形状，设置如图5-65所示。在人物脸部涂抹，让脸部图像
变得自然柔和，效果如图5-66所示。人物照片修复完成。

图 5-64

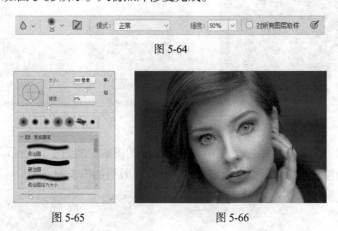

图 5-65　　　　　　　　　　　　图 5-66

5.1.8　仿制图章工具

仿制图章工具可以以指定的像素点为复制基准点，将其周围的图像复制到其他地方。

选择"仿制图章"工具 ，或反复按 Shift+S 组合键，其属性栏状态如图5-67所示。

图 5-67

流量：用于设定扩散的速度。

对齐：用于控制是否在复制时使用对齐功能。

选择"仿制图章"工具 ，将鼠标光标放置在图像中需要复制的位置，按住 Alt 键的同时，光标
变为圆形十字图标 ，如图5-68所示，单击确定取样点，松开鼠标。在适当的位置拖曳鼠标复制出取
样点的图像，效果如图5-69所示。

图 5-68　　　　　　　　　　　　图 5-69

5.1.9　图案图章工具

选择"图案图章"工具 ，或反复按 Shift+S 组合键，其属性栏状态如图5-70所示。

图 5-70

在要定义为图案的图像上绘制选区，如图 5-71 所示。选择"编辑 > 定义图案"命令，弹出"图案名称"对话框，设置如图 5-72 所示。单击"确定"按钮，定义选区中的图像为图案。

图 5-71   图 5-72

选择"图案图章"工具，在属性栏中选择定义好的图案，如图 5-73 所示。按 Ctrl+D 组合键，取消选区。在适当的位置拖曳鼠标复制出定义好的图案，效果如图 5-74 所示。

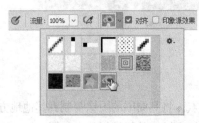

图 5-73   图 5-74

5.1.10　颜色替换工具

颜色替换工具能够替换图像中的特定颜色，可以使用校正颜色在目标颜色上绘画。颜色替换工具不适用于"位图""索引"或"多通道"颜色模式的图像。

选择"颜色替换"工具，或反复按 Shift+B 组合键，其属性栏状态如图 5-75 所示。

图 5-75

打开一张图片，如图 5-76 所示。在"颜色"控制面板中设置前景色，如图 5-77 所示。在"色板"控制面板中单击"创建前景色的新色板"按钮，将设置的前景色存放在控制面板中，如图 5-78 所示。

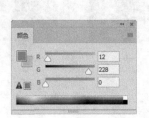

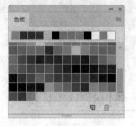

图 5-76   图 5-77   图 5-78

选择"颜色替换"工具，在属性栏中进行设置，如图 5-79 所示。在图像上需要上色的区域直接涂抹进行上色，效果如图 5-80 所示。

图 5-79

图 5-80

5.2 修饰工具

修饰工具用于修饰图像，使图像产生不同的变化效果。

5.2.1 课堂案例——美化商品照片

【案例学习目标】使用多种修饰工具制作装饰画。

【案例知识要点】使用锐化工具、模糊工具、加深工具和减淡工具美化商品，最终效果如图 5-81 所示。

【效果所在位置】Ch05\效果\美化商品照片.psd。

图 5-81

（1）按 Ctrl + O 组合键，打开本书学习资源中的"Ch05 > 素材 > 美化商品照片 > 01"文件，如图 5-82 所示。按 Ctrl+J 组合键，复制图层，如图 5-83 所示。

（2）选择"锐化"工具 ，在属性栏中单击"画笔"选项，弹出画笔选择面板，在面板中选择需要的画笔形状，设置如图 5-84 所示。在脸部图像上拖曳鼠标，锐化图像，效果如图 5-85 所示。用相同的方法锐化图像的其他部分，效果如图 5-86 所示。

图 5-82　　　　　图 5-83　　　　　图 5-84　　　　　图 5-85　　　　　图 5-86

（3）选择"加深"工具 ，在属性栏中单击"画笔"选项，弹出画笔选择面板，在面板中选择需要的画笔形状，设置如图 5-87 所示。在帽子的阴影区域拖曳鼠标，加深图像，效果如图 5-88 所示。用相同的方法加深图像的其他部分，效果如图 5-89 所示。

图 5-87

图 5-88

图 5-89

（4）选择"减淡"工具 ，在属性栏中单击"画笔"选项，弹出画笔选择面板，在面板中选择需要的画笔形状，设置如图 5-90 所示。在帽子的高光区域拖曳鼠标，减淡图像，效果如图 5-91 所示。用相同的方法减淡图像的其他部分，效果如图 5-92 所示。

图 5-90

图 5-91

图 5-92

（5）选择"模糊"工具 ，在属性栏中单击"画笔"选项，弹出画笔选择面板，在面板中选择需要的画笔形状，设置如图 5-93 所示。在图像背景适当的位置拖曳鼠标，模糊图像，效果如图 5-94 所示。用相同的方法模糊图像的其他部分，效果如图 5-95 所示。

图 5-93

图 5-94

图 5-95

（6）单击"图层"控制面板下方的"创建新的填充或调整图层"按钮 ，在弹出的菜单中选择"亮度/对比度"命令，在"图层"控制面板生成"亮度/对比度 1"图层，同时弹出"亮度/对比度"面板，设置如图 5-96 所示。按 Enter 键确认操作，图像效果如图 5-97 所示。

（7）选择"横排文字"工具 ，在图像窗口中输入需要的文字并选取文字，在属性栏中选择合适的字体并设置文字大小，如图 5-98 所示。在"图层"控制面板中生成新的文字图层。商品照片美化完成，效果如图 5-99 所示。

图 5-96　　　　　　　图 5-97　　　　　　　图 5-98　　　　　　　图 5-99

5.2.2　模糊工具

选择"模糊"工具 ，其属性栏状态如图 5-100 所示。

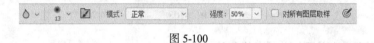

图 5-100

强度：用于设定压力的大小。

对所有图层取样：用于确定模糊工具是否对所有可见层起作用。

选择"模糊"工具 ，在属性栏中进行设置，如图 5-101 所示。在图像窗口中拖曳鼠标，使图像产生模糊效果。原图像和模糊后的图像效果如图 5-102 和图 5-103 所示。

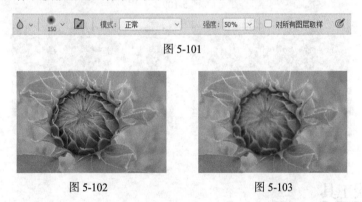

图 5-101

图 5-102　　　　　　　　　　　　图 5-103

5.2.3　锐化工具

选择"锐化"工具 ，其属性栏状态如图 5-104 所示。

图 5-104

选择"锐化"工具 ，在属性栏中进行设置，如图 5-105 所示。在图像窗口中拖曳鼠标，使图像产生锐化效果。原图像和锐化后的图像效果如图 5-106 和图 5-107 所示。

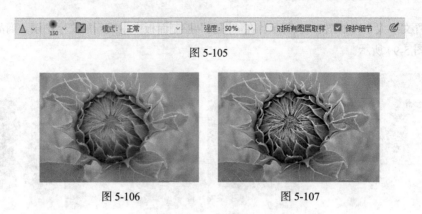

图 5-105

图 5-106　　　　　　　　　　　图 5-107

5.2.4　涂抹工具

选择"涂抹"工具 ，其属性栏状态如图 5-108 所示。

图 5-108

手指绘画：用于设定是否按前景色进行涂抹。

选择"涂抹"工具 ，在属性栏中进行设置，如图 5-109 所示。在图像窗口中拖曳鼠标，使图像产生涂抹效果。原图像和涂抹后的图像效果如图 5-110 和图 5-111 所示。

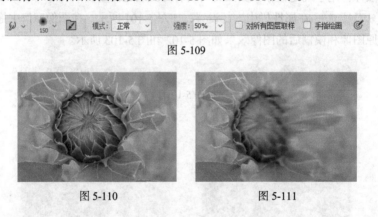

图 5-109

图 5-110　　　　　　　　　　　图 5-111

5.2.5　减淡工具

选择"减淡"工具 ，或反复按 Shift+O 组合键，其属性栏状态如图 5-112 所示。

图 5-112

范围：用于设定图像中需要提高亮度的区域。

曝光度：用于设定曝光的强度。

选择"减淡"工具 ，在属性栏中进行设置，如图 5-113 所示。在图像窗口中拖曳鼠标，使图像产生减淡效果。原图像和减淡后的图像效果如图 5-114 和图 5-115 所示。

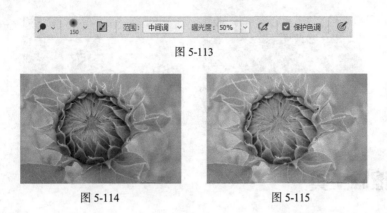

图 5-113

图 5-114   图 5-115

5.2.6　加深工具

选择"加深"工具 ，或反复按 Shift+O 组合键，其属性栏状态如图 5-116 所示。

图 5-116

选择"加深"工具 ，在属性栏中进行设置，如图 5-117 所示。在图像窗口中拖曳鼠标，使图像产生加深效果。原图像和加深后的图像效果如图 5-118 和图 5-119 所示。

图 5-117

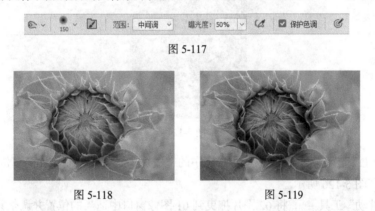

图 5-118   图 5-119

5.2.7　海绵工具

选择"海绵"工具 ，或反复按 Shift+O 组合键，其属性栏状态如图 5-120 所示。

图 5-120

选择"海绵"工具 ，在属性栏中进行设置，如图 5-121 所示。在图像窗口中拖曳鼠标，使图像增加色彩饱和度。原图像和调整后的图像效果如图 5-122 和图 5-123 所示。

图 5-121

图 5-122

图 5-123

5.3 擦除工具

擦除工具可以擦除指定图像的颜色，还可以擦除颜色相近区域中的图像。

5.3.1 课堂案例——制作比萨宣传画

【案例学习目标】学习使用绘图工具绘制图形，使用擦除工具擦除多余的图像。

【案例知识要点】使用移动工具添加素材图像，使用魔术橡皮擦工具和橡皮擦工具擦除多余图像，最终效果如图 5-124 所示。

【效果所在位置】Ch05\效果\制作比萨宣传画.psd。

图 5-124

（1）按 Ctrl + O 组合键，打开本书学习资源中的"Ch05 > 素材 > 制作比萨宣传画 > 01、02"文件，如图 5-125 和图 5-126 所示。

（2）选择"移动"工具 ，将 02 图片拖曳到 01 图像窗口中适当的位置并调整其大小，效果如图 5-127 所示。在"图层"控制面板中生成新的图层并将其命名为"比萨"，如图 5-128 所示。

图 5-125

图 5-126

图 5-127

图 5-128

（3）选择"魔术橡皮擦"工具 ，在属性栏中进行设置，如图 5-129 所示。在图像中白色图像上单击鼠标擦除图像，效果如图 5-130 所示。

图 5-129　　　　　　　　　　　　　　　图 5-130

（4）选择"橡皮擦"工具，在属性栏中单击"画笔"选项，弹出画笔选择面板，在面板中选择需要的画笔形状，如图 5-131 所示。属性栏中的设置为默认值，拖曳鼠标擦除多余的图像，效果如图 5-132 所示。

（5）按 Ctrl + O 组合键，打开本书学习资源中的"Ch05 > 素材 > 制作比萨宣传画 > 03"文件，选择"移动"工具，将文字拖曳到图像窗口适当的位置并调整其大小，效果如图 5-133 所示。在"图层"控制面板中生成新的图层并将其命名为"文字"，如图 5-134 所示。

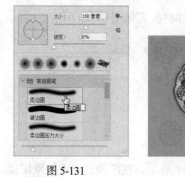 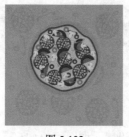  

图 5-131　　　　　　　　图 5-132　　　　　　　　图 5-133　　　　　　　　图 5-134

（6）选择"魔术棒橡皮擦"工具，在属性栏中进行设置，如图 5-135 所示。在图像中白色图像上单击鼠标擦除图像，效果如图 5-136 所示。比萨宣传画制作完成。

图 5-135　　　　　　　　　　　　　　　图 5-136

5.3.2　橡皮擦工具

选择"橡皮擦"工具，或反复按 Shift+E 组合键，其属性栏状态如图 5-137 所示。

图 5-137

抹到历史记录：以"历史记录"控制面板中的"源"来确定图像的擦除状态。

选择"橡皮擦"工具 ，在图像窗口中按住鼠标拖曳，可以擦除图像。当图层为"背景"图层或锁定了透明区域的图层时，擦除的图像显示为背景色，效果如图 5-138 所示。当图层为普通层时，擦除的图像显示为透明，效果如图 5-139 所示。

图 5-138   图 5-139

5.3.3 背景橡皮擦工具

选择"背景橡皮擦"工具 ，或反复按 Shift+E 组合键，其属性栏状态如图 5-140 所示。

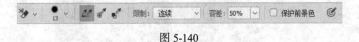

图 5-140

限制：用于选择擦除界限。

容差：用于设定容差值。

保护前景色：用于保护前景色不被擦除。

选择"背景橡皮擦"工具 ，在属性栏中进行设置，如图 5-141 所示。在图像窗口中擦除图像，擦除前后的对比效果如图 5-142 和图 5-143 所示。

图 5-141

图 5-142   图 5-143

5.3.4 魔术橡皮擦工具

选择"魔术橡皮擦"工具 ，或反复按 Shift+E 组合键，其属性栏状态如图 5-144 所示。

连续：作用于当前层。

对所有图层取样：作用于所有层。

选择"魔术橡皮擦"工具 ，属性栏中的选项为默认值，在图像窗口中擦除图像，效果如图 5-145 所示。

图 5-144   图 5-145

课堂练习——制作风景插画

【练习知识要点】使用修复画笔工具修饰风景画，最终效果如图 5-146 所示。

【效果所在位置】Ch05\效果\制作风景插画.psd。

图 5-146

课后习题——制作贴图效果

【习题知识要点】使用加深工具、减淡工具、锐化工具和模糊工具融合图像，最终效果如图 5-147 所示。

【效果所在位置】Ch05\效果\制作贴图效果.psd。

图 5-147

第**6**章 编辑图像

本章介绍

本章主要介绍 Photoshop CC 编辑图像的基本方法，包括应用图像编辑工具，移动、复制和删除图像，裁剪图像，变换图像等。通过学习本章内容，读者可以了解并掌握图像的编辑方法和应用技巧，从而快速地应用命令对图像进行适当的编辑与调整。

学习目标

- 掌握图像编辑工具的使用方法。
- 熟悉图像的移动、复制和删除技巧。
- 掌握图像裁切和图像变换的技巧。

技能目标

- 熟练掌握"装饰画"的制作方法。
- 熟练掌握"汉堡广告"的制作方法。
- 熟练掌握"邀请函效果图"的制作方法。

6.1 图像编辑工具

使用图像编辑工具对图像进行编辑和整理，可以提高用户编辑和处理图像的效率。

6.1.1 课堂案例——制作装饰画

【案例学习目标】学习使用图像编辑工具对图像进行裁剪和注释。

【案例知识要点】使用标尺工具和裁剪工具制作照片，使用注释工具为图像添加注释，最终效果如图 6-1 所示。

【效果所在位置】Ch06\效果\制作装饰画.psd。

图 6-1

（1）按 Ctrl+O 组合键，打开本书学习资源中的"Ch06 > 素材 > 制作装饰画 > 01"文件，如图 6-2 所示。选择"标尺"工具 ，在图像窗口的左下方单击鼠标并向右下方拖曳鼠标出现测量的线段，松开鼠标，确定测量的终点，如图 6-3 所示。

图 6-2 图 6-3

（2）单击属性栏的 拉直图层 按钮，拉直图像，效果如图 6-4 所示。选择"裁剪"工具 ，在图像窗口中拖曳鼠标，绘制矩形裁切框，按 Enter 键确认操作，效果如图 6-5 所示。

图 6-4 图 6-5

（3）按 Ctrl+O 组合键，打开本书学习资源中的"Ch06 > 素材 > 制作装饰画 > 02"文件，如图

6-6 所示。选择"魔棒"工具 ，在属性栏中将"容差"选项设为 32，勾选"连续"复选框。在图像窗口中的白色矩形区域单击鼠标左键，图像周围生成选区，如图 6-7 所示。

（4）选择"选择 > 修改 > 扩展"命令，在弹出的"扩展选区"对话框中进行设置，如图 6-8 所示，单击"确定"按钮，将选区进行扩大。按 Ctrl+J 组合键，将选区中的图像拷贝到新图层。在"图层"控制面板中生成新图层并将其命名为"白色矩形"，如图 6-9 所示。

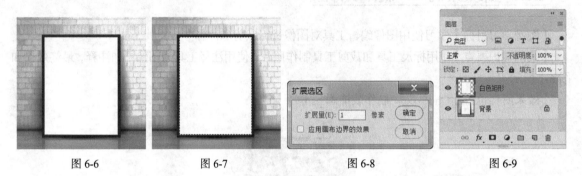

图 6-6　　　　　　　　　　图 6-7　　　　　　　　　　图 6-8　　　　　　　　　　图 6-9

（5）单击"图层"控制面板下方的"添加图层样式"按钮 ，在弹出的菜单中选择"内阴影"命令，在弹出的对话框中进行设置，如图 6-10 所示。单击"确定"按钮，效果如图 6-11 所示。

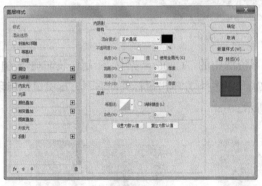

图 6-10　　　　　　　　　　　　　　　　图 6-11

（6）选择"移动"工具 ，将 01 图像拖曳到 02 图像窗口中，并调整其大小和位置，效果如图 6-12 所示。在"图层"控制面板中生成新的图层并将其命名为"画"。按 Alt+Ctrl+G 组合键，创建剪贴蒙版，效果如图 6-13 所示。

（7）选择"注释"工具 ，在图像窗口中单击鼠标，弹出"注释"控制面板，在面板中输入文字，如图 6-14 所示。装饰画制作完成，效果如图 6-15 所示。

图 6-12　　　　　　　　图 6-13　　　　　　　　图 6-14　　　　　　　　图 6-15

6.1.2　注释类工具

注释类工具可以为图像添加文字注释。

选择"注释"工具　，或反复按 Shift+I 组合键，其属性栏状态如图 6-16 所示。

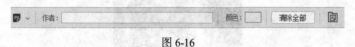

图 6-16

作者：用于输入作者姓名。

颜色：用于设置注释窗口的颜色。

清除全部：用于清除所有注释。

显示或隐藏注释面板　：用于打开注释面板，编辑注释文字。

6.1.3　标尺工具

选择"标尺"工具　，或反复按 Shift+I 组合键，其属性栏状态如图 6-17 所示。

图 6-17

X/Y：起始位置坐标。

W/H：在 x 轴和 y 轴上移动的水平和垂直距离。

A：相对于坐标轴偏离的角度。

L1：两点间的距离。

L2：绘制角度时另一条测量线的长度。

使用测量比例：使用测量比例计算标尺工具数据。

拉直图层：拉直图层使标尺水平。

清除：用于清除测量线。

6.2　图像的移动、复制和删除

在 Photoshop CC 中，可以非常便捷地移动、复制和删除图像。

6.2.1　课堂案例——制作汉堡广告

【案例学习目标】学习使用移动工具移动、复制图像。

【案例知识要点】使用移动工具和复制命令制作装饰图形，使用变换命令变换图形，使用画笔工具绘制阴影，使用椭圆工具和自定形状工具绘制装饰图形，使用横排文字工具添加文字，最终效果如图 6-18 所示。

【效果所在位置】Ch06\效果\制作汉堡广告.psd。

图 6-18

（1）按 Ctrl + O 组合键，打开本书学习资源中的"Ch06 > 素材 > 制作汉堡广告 > 01、02"文件，如图 6-19 和图 6-20 所示。

（2）选择"移动"工具，将 02 图像拖曳到 01 图像窗口中适当的位置，效果如图 6-21 所示。在"图层"控制面板中生成新的图层并将其命名为"汉堡"。

图 6-19　　　　　　　　　图 6-20　　　　　　　　　图 6-21

（3）按 Ctrl+O 组合键，打开本书学习资源中的"Ch06 > 素材 > 制作汉堡广告 > 03"文件，如图 6-22 所示。选择"移动"工具，将 03 图像拖曳到 01 图像窗口中适当的位置并调整其大小，效果如图 6-23 所示。在"图层"控制面板中生成新的图层并将其命名为"薯条"。

（4）在"图层"控制面板中将"汉堡"图层拖曳到"薯条"图层的上方，如图 6-24 所示，效果如图 6-25 所示。

图 6-22　　　　　　图 6-23　　　　　　图 6-24　　　　　　图 6-25

（5）按 Ctrl+O 组合键，打开本书学习资源中的"Ch06 > 素材 > 制作汉堡广告 > 04"文件。选择"移动"工具，将 04 图像拖曳到 01 图像窗口中适当的位置，效果如图 6-26 所示。在"图层"控制面板中生成新的图层并将其命名为"生菜"。

（6）按住 Alt 键的同时，将蔬菜图像拖曳到适当的位置，复制图像，效果如图 6-27 所示。在"图层"控制面板中生成新图层"生菜 拷贝"。按 Ctrl+T 组合键，在图像周围出现变换框，在变换框中单击鼠标右键，在弹出的菜单中选择"水平翻转"命令，水平翻转图像，按 Enter 键确认操作，效果如图 6-28 所示。

图 6-26　　　　　　　　图 6-27　　　　　　　　图 6-28　　　　　　　　图 6-29

（7）在"图层"控制面板中将"汉堡"图层拖曳到"生菜 拷贝"图层的上方，效果如图 6-29 所示。按 Ctrl+O 组合键，打开本书学习资源中的"Ch06 > 素材 > 制作汉堡广告 > 05"文件。选择"移动"工具，将 05 图像拖曳到 01 图像窗口中适当的位置，效果如图 6-30 所示。在"图层"控制面板中生成新的图层并将其命名为"洋葱圈"。

（8）新建图层并将其命名为"投影"。将前景色设为深褐色（其 R、G、B 的值分别为 44、3、1）。选择"画笔"工具，在属性栏中单击"画笔"

图 6-30

选项，弹出画笔选择面板，在面板中选择需要的画笔形状，设置如图 6-31 所示。在图像窗口中绘制投影，效果如图 6-32 所示。在"图层"控制面板中将"投影"图层拖曳到"生菜"图层的下方，如图 6-33 所示，效果如图 6-34 所示。

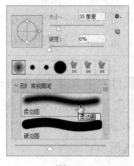

图 6-31　　　　　　　　图 6-32　　　　　　　　图 6-33　　　　　　　　图 6-34

（9）在"图层"控制面板中选中"洋葱圈"图层。按 Ctrl+O 组合键，打开本书学习资源中的"Ch06 > 素材 > 制作汉堡广告 > 06"文件。选择"移动"工具，将 06 图像拖曳到 01 图像窗口中适当的位置，效果如图 6-35 所示。在"图层"控制面板中生成新的图层并将其命名为"西红柿"。

（10）新建图层并将其命名为"投影 2"。将前景色设为黑色（其 R、G、B 的值分别为 25、0、0）。选择"画笔"工具，在图像窗口中绘制投影，效果如图 6-36 所示。在"图层"控制面板中将"西红柿"图层拖曳到"投影 2"图层的上方，效果如图 6-37 所示。

图 6-35　　　　　　　　图 6-36　　　　　　　　图 6-37

（11）按 Ctrl+O 组合键，打开本书学习资源中的"Ch06 > 素材 > 制作汉堡广告 > 07"文件。选择"移动"工具 ⊕，将 07 图像拖曳到 01 图像窗口中适当的位置，效果如图 6-38 所示。在"图层"控制面板中生成新的图层并将其命名为"文字"，如图 6-39 所示。

（12）将前景色设为白色。选择"横排文字"工具 T，在图像窗口中输入需要的文字并选取文字，在属性栏中选择合适的字体并设置文字大小，如图 6-40 所示。在"图层"控制面板中生成新的文字图层。

（13）选择"椭圆"工具 ◯，在属性栏中的"选择工具模式"选项中选择"形状"，将"填充"选项设为无，"描边"选项设为白色，"描边粗细"选项设为 6 像素，按住 Shift 键的同时，在图像窗口中绘制圆形，效果如图 6-41 所示。在"图层"控制面板中生成新的图层"椭圆 1"。

图 6-38　　　　　　　　图 6-39　　　　　　　　图 6-40　　　　　　　　图 6-41

（14）在"椭圆 1"图层上单击鼠标右键，在弹出的菜单中选择"栅格化图层"命令，栅格化图层。选择"矩形选框"工具 ▭，在适当的位置绘制矩形选区，如图 6-42 所示。按 Delete 键删除选区中的图像，按 Ctrl+D 组合键，取消选区，效果如图 6-43 所示。

（15）新建图层并将其命名为"星星"。选择"自定形状"工具 ⬢，在属性栏中单击"形状"选项，弹出"形状"面板，单击面板右上方的 ⚙ 按钮，在弹出的菜单中选择"形状"选项，弹出提示对话框，单击"追加"按钮。在"形状"面板中选择需要的图形，如图 6-44 所示。在属性栏中的"选择工具模式"选项中选择"像素"，在图像窗口中拖曳鼠标绘制图形，效果如图 6-45 所示。

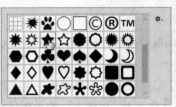

图 6-42　　　　　　　　图 6-43　　　　　　　　图 6-44　　　　　　　　图 6-45

（16）选择"移动"工具 ⊕，按住 Alt 键的同时，将五角星图形拖曳到适当的位置，复制图像，效果如图 6-46 所示。在"图层"控制面板中生成新的图层"星星 拷贝"。用相同的方法再次复制一个五角星，效果如图 6-47 所示。按两次 Ctrl+E 组合键，将"星星 拷贝 2"和"星星 拷贝"图层合并到

"星星"图层中，如图 6-48 所示。

（17）按住 Alt 键的同时，将五角星组合图形拖曳到适当的位置，复制图像，效果如图 6-49 所示。在"图层"控制面板中生成新的图层"星星 拷贝"，如图 6-50 所示。

图 6-46　　　　　图 6-47　　　　　图 6-48　　　　　图 6-49　　　　　图 6-50

（18）按 Ctrl+T 组合键，在图像周围出现变换框，在变换框中单击鼠标右键，在弹出的菜单中选择"垂直翻转"命令，垂直翻转图像，并拖曳图像到适当的位置。按 Enter 键确认操作，效果如图 6-51 所示。

（19）在"图层"控制面板中，按住 Shift 键的同时，单击"独特口感 味蕾爆发"图层，将"星星 拷贝"图层与"独特口感 味蕾爆发"图层之间的图层全部选中，如图 6-52 所示。按 Ctrl+T 组合键，在图像周围出现变换框，将鼠标光标放在变换框的控制手柄外边，光标变为旋转图标↰，拖曳鼠标将图像旋转到适当的角度。按 Enter 键确认操作，效果如图 6-53 所示。汉堡广告制作完成，效果如图 6-54 所示。

图 6-51　　　　　图 6-52　　　　　图 6-53　　　　　图 6-54

6.2.2　图像的移动

打开一张图片。选择"魔棒"工具，在图像窗口中选中要移动的区域，如图 6-55 所示。选择"移动"工具，将鼠标光标放在选区中，光标变为 图标，如图 6-56 所示。按住鼠标左键，拖曳选区到适当的位置，移动选区内的图像，原来的选区位置被背景色填充，效果如图 6-57 所示。

图 6-55　　　　　图 6-56　　　　　图 6-57

打开一张图片。将选区中的杯子图片拖曳到打开的图像中，鼠标光标变为 图标，如图 6-58 所示。

松开鼠标，选区中的杯子图片被移动到打开的图像窗口中，效果如图 6-59 所示。

图 6-58   图 6-59

6.2.3　图像的复制

要在操作过程中随时按需要复制图像,就必须掌握复制图像的方法。

打开一张图片，如图 6-60 所示。选择"磁性套索"工具 ，在图像窗口中选中需要复制的图像区域，如图 6-61 所示。选择"移动"工具，将鼠标光标放在选区中，光标变为 图标，如图 6-62 所示。按住 Alt 键的同时，鼠标光标变为 图标，如图 6-63 所示。单击鼠标并按住不放，拖曳选区中的图像到适当的位置，松开鼠标和 Alt 键，图像复制完成，效果如图 6-64 所示。

图 6-60

图 6-61   图 6-62   图 6-63   图 6-64

> **提示**　在有选区时，按住 Alt 键拖曳复制图像将不会生成新图层；没有选区时，按住 Alt 键拖曳复制图像将生成拷贝图层。

选中要复制的图像，如图 6-65 所示。选择"编辑 > 拷贝"命令或按 Ctrl+C 组合键，将选区中的图像复制。这时屏幕上的图像并没有变化，但系统已将拷贝的图像复制到剪贴板中。

选择"编辑 > 粘贴"命令，或按 Ctrl+V 组合键，将剪贴板中的图像粘贴在图像的新图层中，复制的图像在原图的上方，如图 6-66 所示。选择"移动"工具，可以移动复制出的图像，效果如图 6-67 所示。

图 6-65   图 6-66   图 6-67

提示　在复制图像前，要选择将要复制的图像区域。如果不选择图像区域，将不能复制图像。

6.2.4　图像的删除

在删除图像前，需要选择要删除的图像区域。如果不选择图像区域，将不能删除图像。

在要删除的图像上绘制选区，如图 6-68 所示。选择"编辑 > 清除"命令，可将选区中的图像删除。按 Ctrl+D 组合键，取消选区，效果如图 6-69 所示。

图 6-68　　　　　　　图 6-69

提示　删除后，图像区域由背景色填充。如果是在某一图层中，删除后，图像区域将显示下面一层的图像。

6.3　图像的裁切和图像的变换

利用图像的裁切和图像的变换，可以设计制作出丰富多变的图像效果。

6.3.1　课堂案例——制作邀请函效果图

【案例学习目标】学习使用变换命令制作出需要的效果。

【案例知识要点】使用透视变换命令、缩放变换命令和光照效果命令制作邀请函，使用钢笔工具和羽化命令绘制投影，使用斜切变换命令和变形变换命令制作其他邀请函效果，最终效果如图 6-70 所示。

【效果所在位置】Ch06\效果\制作邀请函效果图.psd。

图 6-70

（1）按 Ctrl+O 组合键，打开本书学习资源中的"Ch06 > 素材 > 制作邀请函效果图 > 01、02"文件，如图 6-71 和图 6-72 所示。

（2）选择"移动"工具 ，将 02 图像拖曳到 01 图像窗口中适当的位置并调整其大小，效果如图 6-73 所示。在"图层"控制面板中生成新图层并将其命名为"邀请函"，如图 6-74 所示。

图 6-71　　　　　图 6-72　　　　　图 6-73　　　　　图 6-74

（3）按 Ctrl+T 组合键，在图像周围出现变换框，在变换框中单击鼠标右键，在弹出的菜单中选择"透视"命令，调整控制点到适当的位置，如图 6-75 所示。再次单击鼠标右键，在弹出的菜单中选择"缩放"命令。按 Enter 键确认操作，效果如图 6-76 所示。

图 6-75　　　　　　　　　图 6-76

（4）选择"滤镜 > 渲染 > 光照效果"命令，在弹出的"属性"面板中进行设置，如图 6-77 所示。在属性栏中单击"确定"按钮，效果如图 6-78 所示。

（5）新建图层并将其命名为"投影 1"。将前景色设为褐色（其 R、G、B 的值分别为 106、57、6）。选择"钢笔"工具 ⌀，在属性栏的"选择工具模式"选项中选择"路径"，在图像窗口中绘制不规则图形，效果如图 6-79 所示。按 Ctrl+Enter 组合键，将绘制的路径转换为选区，如图 6-80 所示。

图 6-77　　　　　图 6-78　　　　　图 6-79　　　　　图 6-80

（6）选择"选择 > 修改 > 羽化"命令，弹出"羽化选区"对话框，选项设置如图 6-81 所示。单击"确定"按钮，效果如图 6-82 所示。按 Alt+Delete 组合键，用前景色填充选区，按 Ctrl+D 组合键，取消选区，效果如图 6-83 所示。

（7）在"图层"控制面板上方，将"投影 1"图层的"不透明度"选项设置为 85%，如图 6-84 所示，图像效果如图 6-85 所示。将"投影 1"图层拖曳至"邀请函"图层下面，如图 6-86 所示，图像效果如图 6-87 所示。用相同的方法绘制"投影 2"，并调整图层顺序，效果如图 6-88 所示。

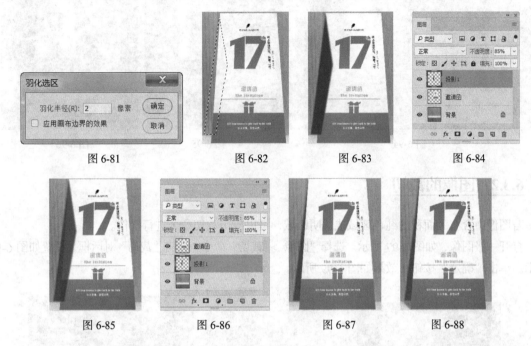

图 6-81　　　　　　　图 6-82　　　　　　图 6-83　　　　　　图 6-84

图 6-85　　　　　　　图 6-86　　　　　　图 6-87　　　　　　图 6-88

（8）单击"图层"控制面板中的"邀请函"图层。选择"移动"工具 ⊕，再次将 02 图像拖曳到 01 图像窗口中适当的位置，调整其大小并旋转相应的角度，效果如图 6-89 所示。在"图层"控制面板中生成新图层并将其命名为"邀请函 拷贝"。

（9）按 Ctrl+T 组合键，在图像周围出现变换框，在变换框中单击鼠标右键，在弹出的菜单中选择"斜切"命令，调整控制点到适当的位置，如图 6-90 所示。再次单击鼠标右键，在弹出的菜单中选择"缩放"命令。按 Enter 键确认操作，效果如图 6-91 所示。

（10）按 Ctrl+T 组合键，在图像周围出现变换框，在变换框中单击鼠标右键，在弹出的菜单中选择"变形"命令，调整控制点到适当的位置，如图 6-92 所示。按 Enter 键确认操作，效果如图 6-93 所示。

图 6-89

图 6-90　　　　　　　图 6-91　　　　　　图 6-92　　　　　　图 6-93

（11）单击"图层"控制面板下方的"添加图层样式"按钮 fx，在弹出的菜单中选择"投影"命令，在弹出的对话框中进行设置，如图 6-94 所示。单击"确定"按钮，效果如图 6-95 所示。用相同方法添加其他图形，效果如图 6-96 所示。邀请函效果制作完成。

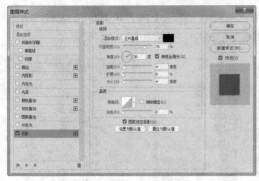

图 6-94　　　　　　　　　　　图 6-95　　　　　　　　图 6-96

6.3.2　图像的裁切

若图像中含有大面积的纯色区域或透明区域，可以应用裁切命令进行操作。

打开一张图像，如图 6-97 所示。选择"图像 > 裁切"命令，弹出"裁切"对话框，设置如图 6-98 所示。单击"确定"按钮，效果如图 6-99 所示。

图 6-97　　　　　　　　　　图 6-98　　　　　　　　　　图 6-99

透明像素：若当前图像的多余区域是透明的，则选择此选项。

左上角像素颜色：根据图像左上角的像素颜色来确定裁切的颜色范围。

右下角像素颜色：根据图像右下角的像素颜色来确定裁切的颜色范围。

裁切：用于设置裁切的区域范围。

6.3.3　图像的变换

选择"图像 > 图像旋转"命令，其下拉菜单如图 6-100 所示，应用不同的变换命令后，图像的变换效果如图 6-101 所示。

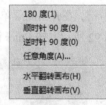

图 6-100

原图像　　　　　　　　180 度　　　　　　　顺时针 90 度

图 6-101

| 逆时针 90 度 | 水平翻转画布 | 垂直翻转画布 |

图 6-101（续）

选择"任意角度"命令，弹出"旋转画布"对话框，设置如图 6-102 所示。单击"确定"按钮，图像的旋转效果如图 6-103 所示。

图 6-102　　　　　　　　　　　　　　图 6-103

6.3.4　图像选区的变换

在操作过程中，可以根据设计和制作的需要变换已经绘制好的选区。

打开一张图片，如图 6-104 所示。选择"椭圆选框"工具 ，在要变换的图像上绘制选区，如图 6-105 所示。选择"编辑 > 自由变换"或"变换"命令，其下拉菜单如图 6-106 所示，应用不同的变换命令后，图像的变换效果如图 6-107 所示。

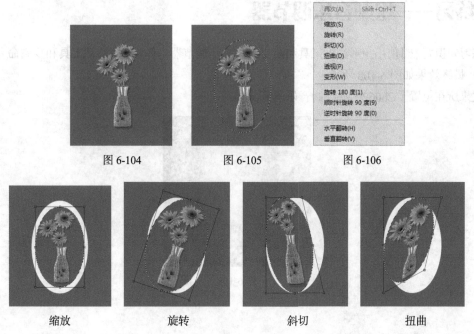

图 6-104　　　　　　　　　图 6-105　　　　　　　　　图 6-106

缩放　　　　　　　　旋转　　　　　　　　斜切　　　　　　　　扭曲

图 6-107

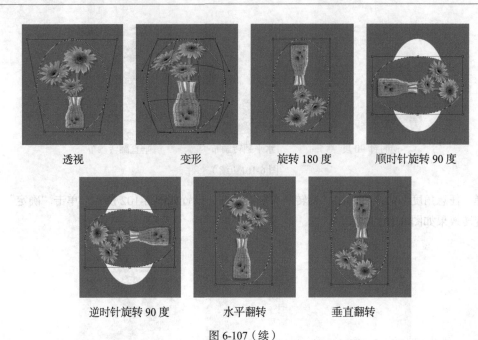

| 透视 | 变形 | 旋转 180 度 | 顺时针旋转 90 度 |

| 逆时针旋转 90 度 | 水平翻转 | 垂直翻转 |

图 6-107（续）

> **提示** 　在要变换的图像上绘制选区。按 Ctrl+T 组合键，选区周围出现变换框，拖曳变换框的控制手柄，可以自由缩放图像；按住 Shift 键的同时，可以等比例缩放图像；将鼠标光标放在控制手柄外边，光标变为旋转图标 ，拖曳鼠标可以旋转图像；按住 Ctrl 键的同时，可以使图像任意变形；按住 Alt 键的同时，可以使图像对称变形；按住 Shift+Ctrl 组合键的同时，可以使图像斜切变形；按住 Alt+Ctrl+Shift 组合键的同时，可以使图像透视变形。

课堂练习——绘制音乐调节器

【练习知识要点】使用矩形选框工具和渐变工具制作调节器主体，使用移动工具和复制命令制作装饰图形，最终效果如图 6-108 所示。

【效果所在位置】Ch06\效果\绘制音乐调节器.psd。

图 6-108

课后习题——制作产品手提袋

【习题知识要点】使用渐变工具、图层蒙版制作图片渐隐效果，使用变换命令制作图片变形效果，使用图层样式命令添加特殊效果，最终效果如图 6-109 所示。

【效果所在位置】Ch06\效果\制作产品手提袋.psd。

图 6-109

第**7**章 绘制图形和路径

本章介绍

本章主要介绍路径的绘制、编辑方法以及图形的绘制与应用技巧。通过学习本章内容，读者可以学会绘制所需路径并对路径进行修改和编辑，还可应用绘图工具绘制出系统自带的图形，从而提高图像制作效率。

- -

学习目标

- 熟悉绘制图形的技巧。
- 掌握绘制和选取路径的方法。
- 了解 3D 图形的创建方法和 3D 工具的使用技巧。

- -

技能目标

- 熟练掌握"生日贺卡"的制作方法。
- 熟练掌握"婚礼宣传卡"的制作方法。
- 熟练掌握"中秋促销卡"的制作方法。

7.1　绘制图形

绘图工具不仅可以绘制出标准的几何图形，也可以绘制出自定义的图形，从而提高工作效率。

7.1.1　课堂案例——制作生日贺卡

【案例学习目标】学习使用不同的绘图工具绘制各种图形。

【案例知识要点】使用矩形工具和直线工具制作背景效果，使用椭圆工具制作装饰图形，使用置入嵌入对象命令置入图像，使用文本工具添加祝福语，最终效果如图 7-1 所示。

【效果所在位置】Ch07\效果\制作生日贺卡.psd。

图 7-1

（1）按 Ctrl+O 组合键，打开本书学习资源中的"Ch07 > 素材 > 制作生日贺卡 > 01"文件，如图 7-2 所示。选择"矩形"工具 ，在属性栏中的"选择工具模式"选项中选择"形状"，将"填充"选项设为浅绿色（其 R、G、B 的值分别为 241、244、191），在图像窗口中拖曳鼠标绘制矩形，效果如图 7-3 所示。在"图层"控制面板中生成新的图层"矩形 1"，如图 7-4 所示。再次在图像窗口中拖曳鼠标绘制矩形，效果如图 7-5 所示。

图 7-2

图 7-3

图 7-4

图 7-5

（2）在"图层"控制面板中生成新图层"矩形 2"，如图 7-6 所示。在"图层"控制面板中双击"矩形 2"图层缩览图，弹出"拾色器"对话框，将 R、G、B 的值分别设为 117、102、63，单击"确定"按钮，效果如图 7-7 所示。

（3）选择"直线"工具 ，在属性栏中的"选择工具模式"选项中选择"形状"，在图像窗口中绘制一条直线，效果如图 7-8 所示。在"图层"控制面板中生成新的图层"形状 1"，如图 7-9 所示。

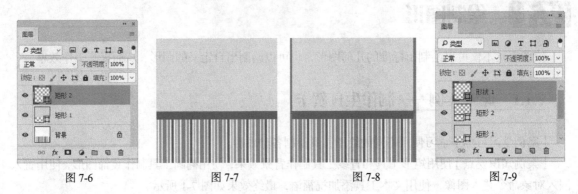

图 7-6   图 7-7   图 7-8   图 7-9

（4）在属性栏中将"填充"选项设为无，"描边"选项设为白色，"描边粗细"选项设为 3 像素，"高"选项设为 70 像素，单击"设置形状描边类型"按钮 ——⌄ ，在弹出的"描边选项"面板中选择需要的描边类型，如图 7-10 所示。单击面板下方的"更多选项"按钮，在弹出的"描边"对话框中进行设置，如图 7-11 所示。单击"存储"按钮，保存描边样式。单击"确定"按钮，完成描边样式的创建。图像窗口中的效果如图 7-12 所示。

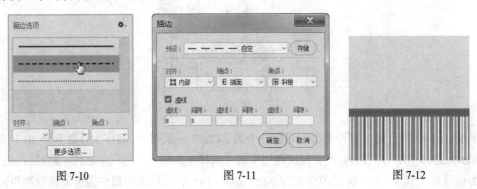

图 7-10   图 7-11   图 7-12

（5）选择"椭圆"工具 ◯ ，在属性栏中的"选择工具模式"选项中选择"形状"，在图像窗口中拖曳鼠标的同时，按住 Shift 键绘制一个圆形，效果如图 7-13 所示。在"图层"控制面板中生成新的图层"椭圆 1"，如图 7-14 所示。在属性栏中将"填充"选项设为白色，"描边"选项设为无，效果如图 7-15 所示。

（6）选择"移动"工具 ⊕ ，按住 Alt 键的同时，将白色圆形拖曳到适当的位置，复制图形。在"图层"控制面板中生成新的图层"椭圆 1 拷贝"。在"图层"控制面板中双击"椭圆 1 拷贝"图层缩览图，弹出"拾色器"对话框，将 R、G、B 的值均设为 0，单击"确定"按钮，效果如图 7-16 所示。

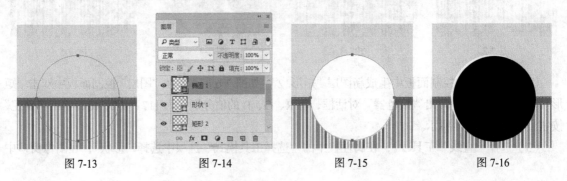

图 7-13   图 7-14   图 7-15   图 7-16

（7）在"图层"控制面板上方，将"椭圆 1 拷贝"图层的"不透明度"选项设置为 33%，如图 7-17 所示，图像效果如图 7-18 所示。将"椭圆 1"图层拖曳至"椭圆 1 拷贝"图层上方，如图 7-19 所示，图像效果如图 7-20 所示。

图 7-17

图 7-18

图 7-19

图 7-20

（8）按 Ctrl+J 组合键，复制"椭圆 1"图层，生成新的图层"椭圆 1 拷贝 2"，如图 7-21 所示。按 Ctrl+T 组合键，在圆形周围出现变换框，如图 7-22 所示，按住 Alt+Shift 键的同时，拖曳右上角的控制手柄等比例缩小圆形，如图 7-23 所示，按 Enter 键确认操作。

（9）选择"路径选择"工具，在属性栏中将"填充"选项设为无，"描边"选项设为褐色（其 R、G、B 的值分别为 41、2、0），"描边粗细"选项设为 4 像素，单击"设置形状描边类型"按钮，在弹出的"描边选项"面板中选择需要的描边类型，如图 7-24 所示，效果如图 7-25 所示。

图 7-21

图 7-22

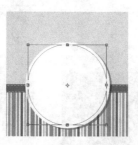

图 7-23

图 7-24

图 7-25

（10）选择"文件 > 置入嵌入对象"命令，在弹出的"置入嵌入的对象"对话框中，选择本书学习资源中的"Ch07 > 素材 > 制作生日贺卡 >02"文件。单击"置入"按钮，在图像的周围出现控制框，如图 7-26 所示，按住 Alt+Shift 键的同时，拖曳右上角的控制手柄等比例缩小图片，按 Enter 键确认操作，效果如图 7-27 所示。在"图层"控制面板中生成新图层并将其命名为"蛋糕"。

（11）将前景色设为褐色（其 R、G、B 的值分别为 58、4、1）。选择"横排文字"工具，在图像窗口中输入需要的文字并选取文字，在属性栏中选择合适的字体并设置文字大小，如图 7-28 所示。在"图层"控制面板中生成新的文字图层。生日贺卡制作完成，效果如图 7-29 所示。

图 7-26   图 7-27   图 7-28   图 7-29

7.1.2 矩形工具

选择"矩形"工具 ▢，或反复按 Shift+U 组合键，其属性栏状态如图 7-30 所示。

图 7-30

▢ 形状 ∨ ：用于选择工具的模式，包括形状、路径和像素。

填充：■ 描边：✐ 1像素 ∨ ── ：用于设置矩形的填充色、描边色、描边宽度和描边类型。

W: 0像素 ∞ H: 0像素 ：用于设置矩形的宽度和高度。

▢ ⊫ ⊹ ：用于设置路径的组合方式、对齐方式和排列方式。

⚙ ：用于设定所绘制矩形的形状。

对齐边缘：用于设定边缘是否对齐。

打开一张图片，如图 7-31 所示。在图像窗口中绘制矩形，效果如图 7-32 所示，"图层"控制面板如图 7-33 所示。

图 7-31   图 7-32   图 7-33

7.1.3 圆角矩形工具

选择"圆角矩形"工具 ▢，或反复按 Shift+U 组合键，其属性栏状态如图 7-34 所示。"圆角矩形"工具属性栏的内容与"矩形"工具属性栏的选项内容类似，只增加了"半径"选项，用于设定圆角矩形的平滑程度，数值越大越平滑。

图 7-34

打开一张图片，如图 7-35 所示。将"半径"选项设为 40 像素，在图像窗口中绘制圆角矩形，效果如图 7-36 所示，"图层"控制面板如图 7-37 所示。

图 7-35   图 7-36   图 7-37

7.1.4 椭圆工具

选择"椭圆"工具 ，或反复按 Shift+U 组合键，其属性栏状态如图 7-38 所示。

图 7-38

打开一张图片，如图 7-39 所示。在图像窗口中绘制椭圆形，效果如图 7-40 所示，"图层"控制面板如图 7-41 所示。

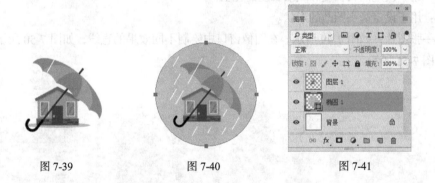

图 7-39   图 7-40   图 7-41

7.1.5 多边形工具

选择"多边形"工具 ，或反复按 Shift+U 组合键，其属性栏状态如图 7-42 所示。"多边形"工具属性栏的内容与"矩形"工具属性栏的选项内容类似，只增加了"边"选项，用于设定多边形的边数。

图 7-42

打开一张图片，如图 7-43 所示。单击属性栏中的 按钮，在弹出的面板中进行设置，如图 7-44 所示。在图像窗口中绘制星形，效果如图 7-45 所示，"图层"控制面板如图 7-46 所示。

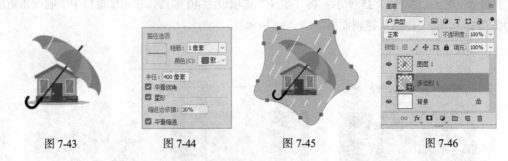

| 图 7-43 | 图 7-44 | 图 7-45 | 图 7-46 |

7.1.6　直线工具

选择"直线"工具 ⁄ ，或反复按 Shift+U 组合键，其属性栏状态如图 7-47 所示。"直线"工具属性栏的内容与"矩形"工具属性栏的选项内容类似，只增加了"粗细"选项，用于设定直线的宽度。

图 7-47

单击属性栏中的 ⚙ 按钮，弹出"箭头"面板，如图 7-48 所示。

起点：用于选择位于线段始端的箭头。

终点：用于选择位于线段末端的箭头。

宽度：用于设定箭头宽度和线段宽度的比值。

长度：用于设定箭头长度和线段长度的比值。

凹度：用于设定箭头凹凸的形状。

打开一张图片，如图 7-49 所示。在图像窗口中绘制不同效果的直线，如图 7-50 所示，"图层"控制面板如图 7-51 所示。

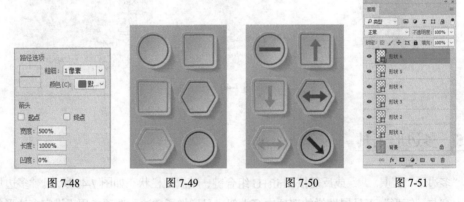

| 图 7-48 | 图 7-49 | 图 7-50 | 图 7-51 |

提示　按住 Shift 键的同时，可以绘制水平或垂直的直线。

7.1.7　自定形状工具

选择"自定形状"工具 ▨ ，或反复按 Shift+U 组合键，其属性栏状态如图 7-52 所示。"自定形状"

工具属性栏的内容与"矩形"工具属性栏的选项内容类似，只增加了"形状"选项，用于选择所需的形状。

图 7-52

单击"形状"选项，弹出如图 7-53 所示的形状面板，面板中存储了可供选择的各种不规则形状。

打开一张图片，如图 7-54 所示。在图像窗口中绘制心形，效果如图 7-55 所示，"图层"控制面板如图 7-56 所示。

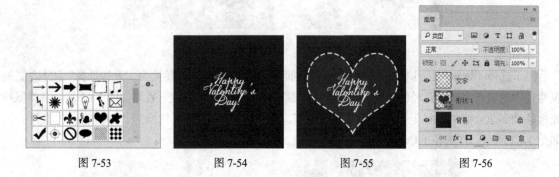

图 7-53　　　　　　图 7-54　　　　　　图 7-55　　　　　　图 7-56

选择"钢笔"工具 ∅，在图像窗口中绘制并填充路径，如图 7-57 所示。选择"编辑 > 定义自定形状"命令，弹出"形状名称"对话框，在"名称"选项的文本框中输入自定形状的名称，如图 7-58 所示，单击"确定"按钮。在"形状"选项的面板中会显示刚才定义的形状，如图 7-59 所示。

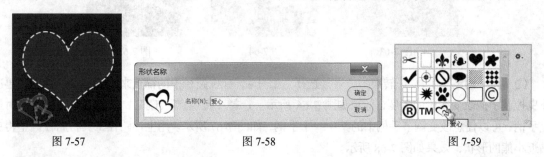

图 7-57　　　　　　　　图 7-58　　　　　　　　图 7-59

7.2　绘制和选取路径

路径对于 Photoshop 高手来说是一个非常得力的助手。使用路径可以进行复杂图像的选取，可以存储选取区域以备再次使用，还可以绘制线条平滑的优美图形。

7.2.1　课堂案例——制作婚礼宣传卡

【案例学习目标】学习使用不同的绘制工具绘制并调整路径。

【案例知识要点】使用钢笔工具、添加锚点工具和转换点工具绘制路径，使用椭圆选框工具、羽化命令和自由变换命令制作投影，最终效果如图 7-60 所示。

图 7-60

【效果所在位置】Ch07\效果\制作婚礼宣传卡.psd。

（1）按 Ctrl+O 组合键，打开本书学习资源中的"Ch07 > 素材 > 制作婚礼宣传卡 > 01"文件，如图 7-61 所示。选择"钢笔"工具 ⬦，在属性栏中的"选择工具模式"选项中选择"路径"，在图像窗口中沿着小熊轮廓拖曳鼠标绘制路径，如图 7-62 所示。

图 7-61　　　　　　　　图 7-62

（2）选择"钢笔"工具 ⬦，按住 Ctrl 键的同时，"钢笔"工具 ⬦ 转换为"直接选择"工具 ▷，拖曳路径中的锚点来改变路径的弧度，再次拖曳控制手柄改变线段的弧度，效果如图 7-63 所示。将鼠标光标移动到建立好的路径上，若当前处没有锚点，则"钢笔"工具 ⬦ 转换为"添加锚点"工具 ⬦+，如图 7-64 所示。在路径上单击鼠标添加一个锚点，如图 7-65 所示。

图 7-63　　　　　　　　图 7-64　　　　　　　　图 7-65

（3）将"钢笔"工具 ⬦ 转换为"直接选择"工具 ▷，拖曳路径中的锚点来改变路径的弧度，再次拖曳控制手柄改变线段的弧度，效果如图 7-66 所示。选择"转换点"工具 ⌐，按住 Alt 键的同时拖曳手柄，可以任意改变调节手柄中的其中一个手柄，如图 7-67 所示。用上述路径工具将路径调整得更贴近小熊的形状，效果如图 7-68 所示。

图 7-66　　　　　　　　图 7-67　　　　　　　　图 7-68

（4）单击"路径"控制面板下方的"将路径作为选区载入"按钮 ⊙，将路径转换为选区，如图 7-69 所示。按 Ctrl+J 组合键，复制选区中的图像，并生成新的图层"图层 1"，如图 7-70 所示。

（5）单击"背景"图层左侧的眼睛图标 👁，将"背景"图层隐藏，如图 7-71 所示。选择"钢笔"工具 ⬦，在图像窗口中绘制闭合路径，如图 7-72 所示。

图 7-69

图 7-70

图 7-71

图 7-72

（6）按 Ctrl+Enter 组合键，将路径转换为选区，效果如图 7-73 所示。按 Delete 键，删除选区中的图像。按 Ctrl+D 组合键，取消选区，效果如图 7-74 所示。

（7）按 Ctrl+O 组合键，打开本书学习资源中的"Ch07 > 素材 > 制作婚礼宣传卡 > 02"文件，如图 7-75 所示。选择"移动"工具 ，将 01 图像拖曳到 02 图像窗口中并调整其大小，效果如图 7-76 所示。在"图层"控制面板中生成新的图层并将其命名为"小熊"。

图 7-73

图 7-74

图 7-75

图 7-76

（8）新建图层并将其命名为"投影"。将前景色设为咖啡色（其 R、G、B 的值分别为 101、71、53）。选择"椭圆选框"工具 ，在图像窗口中拖曳鼠标绘制椭圆选区，如图 7-77 所示。按 Shift+F6 组合键，在弹出的"羽化选区"对话框中进行设置，如图 7-78 所示，单击"确定"按钮，羽化选区。按 Alt+Delete 组合键，用前景色填充选区。按 Ctrl+D 组合键，取消选区，效果如图 7-79 所示。

图 7-77

图 7-78

图 7-79

（9）按 Ctrl+T 组合键，在图像周围出现变换框，在变换框中单击鼠标右键，在弹出的菜单中选择"变形"命令，调整图像，如图 7-80 所示。按 Enter 键确认操作，效果如图 7-81 所示。

（10）在"图层"控制面板上方，将"不透明度"选项设为 80%，把"投影"图层拖曳到"小熊"图层的下方，如图 7-82 所示，图像效果如图 7-83 所示。

图 7-80

图 7-81

图 7-82

图 7-83

（11）选择"移动"工具 ，将投影拖曳到适当的位置，效果如图 7-84 所示。用相同的方法在其他部位添加投影，效果如图 7-85 所示。婚礼宣传卡制作完成，效果如图 7-86 所示。

图 7-84

图 7-85

图 7-86

7.2.2　钢笔工具

选择"钢笔"工具 ，或反复按 Shift+P 组合键，其属性栏状态如图 7-87 所示。

按住 Shift 键创建锚点时，将强迫系统以 45°或 45°的倍数绘制路径。按住 Alt 键，当"钢笔"工具 移到锚点上时，暂时将"钢笔"工具 转换为"转换点"工具 。按住 Ctrl 键，暂时将"钢笔"工具 转换成"直接选择"工具 。

图 7-87

绘制直线：选择"钢笔"工具 ，在属性栏中的"选择工具模式"选项中选择"路径"选项，"钢笔"工具 绘制的将是路径；如果选择"形状"选项，将绘制出形状图层。勾选"自动添加/删除"复选框，可以在选取的路径上自动添加和删除锚点。

在图像中的任意位置单击鼠标，创建一个锚点，将鼠标光标移动到其他位置再次单击，创建第 2 个锚点，两个锚点之间自动以直线进行连接，如图 7-88 所示。再将鼠标光标移动到其他位置单击，创建第 3 个锚点，而系统将在第 3 个和第 3 个锚点之间生成一条新的直线路径，如图 7-89 所示。

将鼠标光标移至第 2 个锚点上，光标暂时转换成"删除锚点"工具 ，如图 7-90 所示，在锚点上单击，即可将第 2 个锚点删除，如图 7-91 所示。

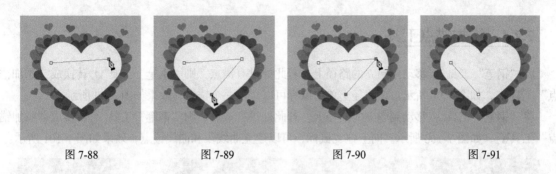

图 7-88 　　　　　　　　图 7-89 　　　　　　　　图 7-90 　　　　　　　　图 7-91

绘制曲线：选择"钢笔"工具 ，单击建立新的锚点并按住鼠标不放，拖曳鼠标，建立曲线段和曲线锚点，如图 7-92 所示。松开鼠标，按住 Alt 键的同时，单击刚建立的曲线锚点，如图 7-93 所示，将其转换为直线锚点。在其他位置再次单击建立下一个新的锚点，在曲线段后绘制出直线，如图 7-94 所示。

图 7-92 　　　　　　　　图 7-93 　　　　　　　　图 7-94

7.2.3　自由钢笔工具

选择"自由钢笔"工具 ，其属性栏状态如图 7-95 所示。

图 7-95

在图形上单击鼠标确定最初的锚点，沿图像小心地拖曳鼠标并单击，确定其他的锚点，如图 7-96 所示。如果在选择中存在误差，只需要使用其他的路径工具对路径进行修改和调整，就可以补救，如图 7-97 所示。

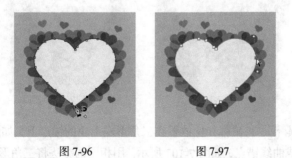

图 7-96 　　　　　　　　图 7-97

7.2.4 添加锚点工具

将"钢笔"工具 ⬦ 移动到建立的路径上，若此处没有锚点，则"钢笔"工具 ⬦ 转换成"添加锚点"工具 ⬦₊，如图 7-98 所示。在路径上单击鼠标可以添加一个锚点，效果如图 7-99 所示。

将"钢笔"工具 ⬦ 移动到建立的路径上，若此处没有锚点，则"钢笔"工具 ⬦ 转换成"添加锚点"工具 ⬦₊，如图 7-100 所示。向上拖曳鼠标，可以建立曲线段和曲线锚点，效果如图 7-101 所示。

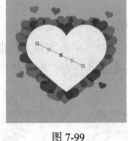

图 7-98 图 7-99 图 7-100 图 7-101

7.2.5 删除锚点工具

将"钢笔"工具 ⬦ 移动到路径的锚点上，则"钢笔"工具 ⬦ 转换成"删除锚点"工具 ⬦₋，如图 7-102 所示。单击锚点将其删除，效果如图 7-103 所示。

将"钢笔"工具 ⬦ 移动到曲线路径的锚点上，单击锚点也可以将其删除。

图 7-102 图 7-103

7.2.6 转换点工具

选择"钢笔"工具 ⬦，在图像窗口中绘制三角形路径，当要闭合路径时鼠标光标变为 ⬦ 图标，如图 7-104 所示，单击鼠标即可闭合路径，完成三角形路径的绘制，如图 7-105 所示。

图 7-104 图 7-105

选择"转换点"工具 ⬦，将鼠标光标放置在三角形左上角的锚点上，如图 7-106 所示，单击锚点并将其向右上方拖曳形成曲线锚点，如图 7-107 所示。用相同的方法将三角形的锚点转换为曲线锚点，绘制完成后，路径的效果如图 7-108 所示。

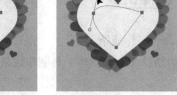

图 7-106   图 7-107   图 7-108

7.2.7　选区和路径的转换

1．将选区转换为路径

在图像上绘制选区，如图 7-109 所示。单击"路径"控制面板右上方的 ≡ 图标，在弹出的菜单中选择"建立工作路径"命令，弹出"建立工作路径"对话框，"容差"选项用于设置转换时的误差允许范围，数值越小越精确，路径上的关键点也越多。如果要编辑生成的路径，在此处设定的数值最好为 2，如图 7-110 所示。单击"确定"按钮，将选区转换为路径，效果如图 7-111 所示。

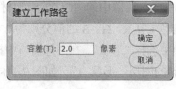

图 7-109   图 7-110   图 7-111

单击"路径"控制面板下方的"从选区生成工作路径"按钮 ◇ ，也可将选区转换为路径。

2．将路径转换为选区

在图像中创建路径，如图 7-112 所示。单击"路径"控制面板右上方的 ≡ 图标，在弹出的菜单中选择"建立选区"命令，在弹出的"建立选区"对话框中进行设置，如图 7-113 所示。单击"确定"按钮，将路径转换为选区，效果如图 7-114 所示。

图 7-112   图 7-113   图 7-114

单击"路径"控制面板下方的"将路径作为选区载入"按钮 ○ ，也可将路径转换为选区。

7.2.8 课堂案例——制作中秋促销卡

【案例学习目标】学习使用描边路径命令制作线条。

【案例知识要点】使用钢笔工具、描边路径命令和画笔工具制作线条，使用图层样式命令添加内阴影和投影，最终效果如图 7-115 所示。

【效果所在位置】Ch07\效果\制作中秋促销卡.psd。

图 7-115

（1）按 Ctrl+O 组合键，打开本书学习资源中的"Ch07 > 素材 > 制作中秋促销卡 > 01"文件，如图 7-116 所示。将前景色设为深蓝色（其 R、G、B 的值分别为 23、36、89）。选择"钢笔"工具 $\varnothing$，在属性栏中的"选择工具模式"选项中选择"形状"，在图像窗口中拖曳鼠标绘制闭合图形，如图 7-117 所示。在"图层"控制面板中生成新的图层"形状 1"，如图 7-118 所示。

图 7-116   图 7-117   图 7-118

（2）单击"图层"控制面板下方的"添加图层样式"按钮 fx，在弹出的菜单中选择"内阴影"命令，将"阴影颜色"设为蓝色（其 R、G、B 的值分别为 5、6、83），其他选项的设置如图 7-119 所示。单击"确定"按钮，效果如图 7-120 所示。

（3）选择"钢笔"工具 $\varnothing$，在属性栏中的"选择工具模式"选项中选择"路径"，在图像窗口中拖曳鼠标绘制路径，如图 7-121 所示。

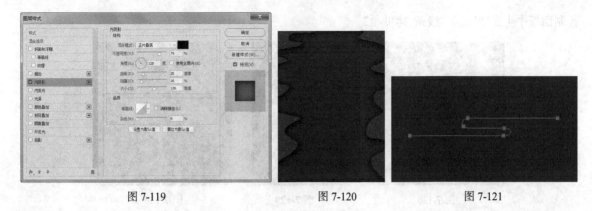

图 7-119　　　　　　　　　　图 7-120　　　　　　　　　　图 7-121

（4）选择"画笔"工具 ，在属性栏中单击"画笔"选项，弹出画笔选择面板，在面板中选择需要的画笔形状，设置如图 7-122 所示。

（5）新建图层并将其命名为"线条"。将前景色设为金色（其 R、G、B 的值分别为 206、175、87）。选择"路径选择"工具 ，选取绘制的路径，在路径上单击鼠标右键，在弹出的菜单中选择"描边路径"命令，在弹出的对话框中进行设置，如图 7-123 所示。单击"确定"按钮，效果如图 7-124 所示。

图 7-122　　　　　　　　　　图 7-123　　　　　　　　　　图 7-124

（6）再次在图像窗口中绘制两个闭合路径，如图 7-125 所示。单击"路径"控制面板右上方的 图标，在弹出的菜单中选择"填充路径"命令，弹出"填充路径"对话框，如图 7-126 所示。单击"确定"按钮，效果如图 7-127 所示。

图 7-125　　　　　　　　　　图 7-126　　　　　　　　　　图 7-127

（7）选择"移动"工具 ，将图形拖曳到图像窗口中适当的位置，如图 7-128 所示。按住 Alt 键的同时，将图形拖曳到适当的位置，复制图像，效果如图 7-129 所示。在"图层"控制面板中生成新图层"线条 拷贝"。

（8）按住 Alt 键的同时，将图形拖曳到适当的位置，复制图像，效果如图 7-130 所示。在"图层"

控制面板中生成新图层"线条 拷贝 2"。

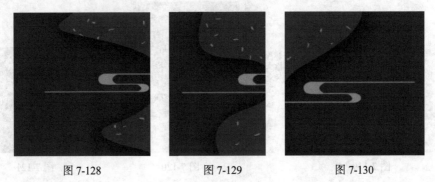

图 7-128   图 7-129   图 7-130

（9）选择"矩形选框"工具 ，在适当的位置绘制矩形选区，如图 7-131 所示。按 Delete 键删除选区中的图像，按 Ctrl+D 组合键，取消选区，效果如图 7-132 所示。

（10）选择"移动"工具 ，按住 Alt 键的同时，将图形拖曳到适当的位置，复制图像，效果如图 7-133 所示。在"图层"控制面板中生成新图层"线条 拷贝 3"。

（11）按 Ctrl+T 组合键，在图像周围出现变换框，在变换框中单击鼠标右键，在弹出的菜单中选择"水平翻转"命令，水平翻转图像，将其拖曳到适当的位置。按 Enter 键确认操作，效果如图 7-134 所示。

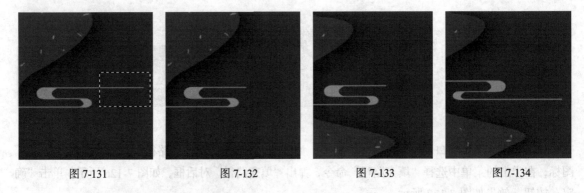

图 7-131   图 7-132   图 7-133   图 7-134

（12）新建图层并将其命名为"波纹"。选择"钢笔"工具 ，在属性栏中的"选择工具模式"选项中选择"路径"，在图像窗口中拖曳鼠标绘制路径，如图 7-135 所示。

（13）将前景色设为红色（其 R、G、B 的值分别为 187、0、14）。按 Ctrl+Enter 组合键，将路径转换为选区，如图 7-136 所示。按 Alt+Delete 组合键，用前景色填充选区。按 Ctrl+D 组合键，取消选区，效果如图 7-137 所示。

图 7-135   图 7-136   图 7-137

（14）单击"图层"控制面板下方的"添加图层样式"按钮 ，在弹出的菜单中选择"投影"命令，在弹出的对话框中进行设置，如图 7-138 所示，单击"确定"按钮，效果如图 7-139 所示。

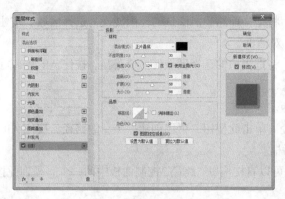

图 7-138

图 7-139

（15）按 Ctrl+O 组合键，打开本书学习资源中的
"Ch07 > 素材 > 制作中秋促销卡 > 02" 文件，如图 7-140
所示。选择"移动"工具 ，将 02 图像拖曳到 01 图像窗
口中适当的位置，效果如图 7-141 所示。在"图层"控制
面板中生成新的图层并将其命名为"文字"。中秋促销卡制
作完成。

图 7-140　　　　　　图 7-141

7.2.9　路径控制面板

绘制一条路径。选择"窗口 > 路径"命令，弹出"路径"控制面板，如图 7-142 所示。单击"路
径"控制面板右上方的 图标，弹出其面板菜单，如图 7-143 所示。在"路径"控制面板的底部有 7
个工具按钮，如图 7-144 所示。

图 7-142　　　　　　　　图 7-143　　　　　　　　图 7-144

用前景色填充路径 ：单击此按钮，将对当前选中的路径进行填充，填充的对象包括当前路径的
所有子路径以及不连续的路径线段。如果选定了路径中的一部分，"路径"控制面板的面板菜单中的"填
充路径"命令会变为"填充子路径"命令。如果被填充的路径为开放路径，Photoshop 将自动把路径的
两个端点以直线段连接，然后进行填充。如果只有一条开放的路径，则不能进行填充。按住 Alt 键的
同时，单击此按钮，将弹出"填充路径"对话框。

用画笔描边路径 ：单击此按钮，系统将使用当前的颜色和当前在"描边路径"对话框中设定的
工具对路径进行描边。按住 Alt 键的同时，单击此按钮，将弹出"描边路径"对话框。

将路径作为选区载入 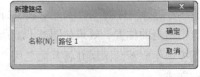：单击此按钮，将把当前路径所圈选的范围转换为选择区域。按住 Alt 键的同时，单击此按钮，将弹出"建立选区"对话框。

从选区生成工作路径 ◇：单击此按钮，将把当前的选择区域转换成路径。按住 Alt 键的同时，单击此按钮，将弹出"建立工作路径"对话框。

添加蒙版 ▢：用于为当前图层添加蒙版。

创建新路径 ◰：用于创建一个新的路径。单击此按钮，可以创建一个新的路径。按住 Alt 键的同时，单击此按钮，将弹出"新建路径"对话框。

删除当前路径 🗑：用于删除当前路径。可以直接拖曳"路径"控制面板中的一个路径到此按钮上，将整个路径全部删除。

7.2.10　新建路径

单击"路径"控制面板右上方的 ≡ 图标，弹出其面板菜单，选择"新建路径"命令，弹出"新建路径"对话框，如图 7-145 所示。

名称：用于设定新路径的名称。

图 7-145

单击"路径"控制面板下方的"创建新路径"按钮 ◰，可以创建一个新路径。按住 Alt 键的同时，单击"创建新路径"按钮 ◰，将弹出"新建路径"对话框，设置完成后，单击"确定"按钮创建路径。

7.2.11　复制、删除、重命名路径

1．复制路径

单击"路径"控制面板右上方的 ≡ 图标，弹出其面板菜单，选择"复制路径"命令，弹出"复制路径"对话框，如图 7-146 所示。在"名称"选项中设置复制路径的名称，单击"确定"按钮，"路径"控制面板如图 7-147 所示。

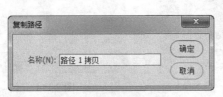

图 7-146

图 7-147

将要复制的路径拖曳到"路径"控制面板下方的"创建新路径"按钮 ◰ 上，即可将所选的路径复制为一个新路径。

2．删除路径

单击"路径"控制面板右上方的 ≡ 图标，弹出其面板菜单，选择"删除路径"命令，可将路径删除。或选择需要删除的路径，单击控制面板下方的"删除当前路径"按钮 🗑，也可将选择的路径删除。

3．重命名路径

双击"路径"控制面板中的路径名，出现重命名路径文本框，如图 7-148 所示。更改名称后按 Enter 键确认即可，如图 7-149 所示。

图 7-148　　　　　　　　　　图 7-149

7.2.12　路径选择工具

路径选择工具可以选择单个或多个路径，同时还可以用来组合、对齐和分布路径。

选择"路径选择"工具 ，或反复按 Shift+A 组合键，其属性栏状态如图 7-150 所示。

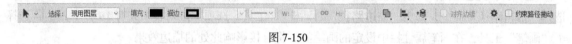

图 7-150

选择：用于设置所选路径所在的图层。

约束路径拖动：勾选此复选框，可以只移动两个锚点中的路径，其他路径不受影响。

7.2.13　直接选择工具

直接选择工具可以移动路径中的锚点或线段，还可以调整手柄和控制点。

路径的原始效果如图 7-151 所示。选择"直接选择"工具 ，拖曳路径中的锚点可以改变路径的弧度，如图 7-152 所示。

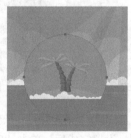

图 7-151　　　　　　　　　　图 7-152

7.2.14　填充路径

在图像中创建路径，如图 7-153 所示。单击"路径"控制面板右上方的 图标，在弹出的菜单中选择"填充路径"命令，弹出"填充路径"对话框，如图 7-154 所示。设置完成后，单击"确定"按钮，效果如图 7-155 所示。

图 7-153

图 7-154

图 7-155

单击"路径"控制面板下方的"用前景色填充路径"按钮 ● ，填充路径。按住 Alt 键的同时，单击"用前景色填充路径"按钮 ● ，将弹出"填充路径"对话框，设置完成后，单击"确定"按钮，填充路径。

7.2.15 描边路径

在图像中创建路径，如图 7-156 所示。单击"路径"控制面板右上方的 ☰ 图标，在弹出的菜单中选择"描边路径"命令，弹出"描边路径"对话框。"工具"选项下拉列表中共有 19 种工具，若选择了"画笔"工具，在画笔属性栏中设定的画笔类型将直接影响此处的描边效果。

在"描边路径"对话框中的设置如图 7-157 所示，单击"确定"按钮，效果如图 7-158 所示。

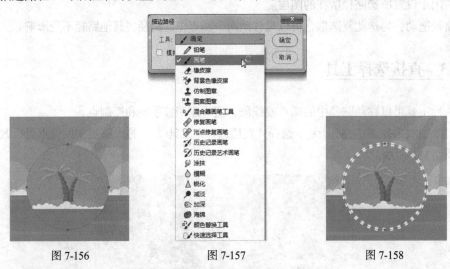
图 7-156   图 7-157   图 7-158

单击"路径"控制面板下方的"用画笔描边路径"按钮 ○ ，描边路径。按住 Alt 键的同时，单击"用画笔描边路径"按钮 ○ ，将弹出"描边路径"对话框，设置完成后，单击"确定"按钮，描边路径。

7.3 创建 3D 图形

在 Photoshop 中，可以将平面图层创建为各种预设的 3D 形状模型。只有将图层变为 3D 图层，才能使用 3D 工具和命令。

打开一张图片，如图 7-159 所示。选择"3D > 从图层新建网格 > 网格预设"命令，弹出如图 7-160 所示的子菜单，选择不同的命令可以创建不同的 3D 模型。

| 锥形 |
| 立体环绕 |
| 立方体 |
| 圆柱体 |
| 圆环 |
| 帽子 |
| 金字塔 |
| 环形 |
| 汽水 |
| 球体 |
| 酒瓶 |

图 7-159   图 7-160

选择各命令创建出的 3D 模型如图 7-161 所示。

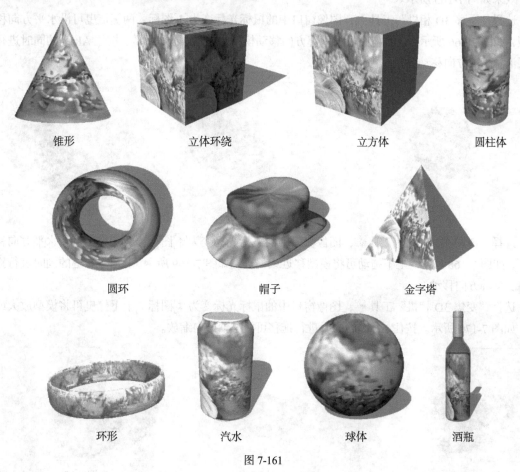

锥形   立体环绕   立方体   圆柱体

圆环   帽子   金字塔

环形   汽水   球体   酒瓶

图 7-161

7.4 使用 3D 工具

在 Photoshop 中使用 3D 对象工具可以旋转、缩放或调整模型位置。当操作 3D 模型时，相机视图保持固定。

打开一张包含 3D 模型的图片，如图 7-162 所示。选中 3D 图层，选择"环绕移动 3D 相机"工具，图像窗口中的鼠标光标变为图标，上下拖动可将模型围绕其 x 轴旋转，如图 7-163 所示；两侧拖动可将模型围绕其 y 轴旋转，效果如图 7-164 所示。按住 Alt 键的同时进行拖移可滚动模型。

图 7-162　　　　　　　　　　　　图 7-163　　　　　　　　　　　　图 7-164

选择"滚动 3D 相机"工具，图像窗口中的鼠标光标变为图标，两侧拖曳可使模型绕 z 轴旋转，效果如图 7-165 所示。

选择"平移 3D 相机"工具，图像窗口中的鼠标光标变为图标，两侧拖曳可沿水平方向移动模型，如图 7-166 所示；上下拖曳可沿垂直方向移动模型，如图 7-167 所示。按住 Alt 键的同时进行拖移可沿 x/z 轴方向移动。

图 7-165　　　　　　　　　　　　图 7-166　　　　　　　　　　　　图 7-167

选择"滑动 3D 相机"工具，图像窗口中的鼠标光标变为图标，两侧拖曳可沿水平方向移动模型，如图 7-168 所示；上下拖动可将模型移近或移远，如图 7-169 所示。按住 Alt 键的同时进行拖移可沿 x/y 轴方向移动。

选择"变焦 3D 相机"工具，图像窗口中的鼠标光标变为图标，上下拖曳可将模型放大或缩小，如图 7-170 所示。按住 Alt 键的同时进行拖移可沿 z 轴方向缩放。

图 7-168　　　　　　　　　　　　图 7-169　　　　　　　　　　　　图 7-170

课堂练习——制作圣诞主题图案

【练习知识要点】使用钢笔工具、自定义形状工具和剪贴蒙版命令制作圣诞树和装饰图形，使用画笔绘制虚线边框，使用横排文字工具添加文字，最终效果如图 7-171 所示。

【效果所在位置】Ch07\效果\制作圣诞主题图案.psd。

图 7-171

课后习题——制作食物宣传卡

【习题知识要点】使用钢笔工具、添加锚点工具和转换点工具绘制路径，使用选区和路径的转换命令和移动工具添加蛋糕图片，最终效果如图 7-172 所示。

【效果所在位置】Ch07\效果\制作食物宣传卡.psd。

图 7-172

第**8**章　调整图像的色彩和色调

本章介绍

本章主要介绍调整图像色彩与色调的多种命令。通过学习本章内容，读者可以学会根据不同的需要应用多种调整命令对图像的色彩或色调进行细微的调整，还可以对图像进行特殊颜色的处理。

学习目标

- 了解调整图像色彩与色调的方法。
- 掌握特殊颜色的处理技巧。

技能目标

- 熟练掌握"高冷照片"的制作方法。
- 熟练掌握"清新照片"的制作方法。
- 熟练掌握"美食照片"的制作方法。
- 熟练掌握"婚礼照片"的制作方法。
- 熟练掌握"情侣照片"的制作方法。
- 熟练掌握"素描人物"的制作方法。

8.1　调整图像的色彩与色调

调整图像的色彩与色调是 Photoshop 的强项，在实际的设计制作中经常会使用到这项功能。

8.1.1　课堂案例——制作高冷照片

【案例学习目标】学习使用亮度/对比度和色彩平衡命令调整图像的颜色。

【案例知识要点】使用亮度/对比度命令和色彩平衡命令改变图像的颜色，使用图层混合模式、图层蒙版和画笔工具制作图片融合，最终效果如图 8-1 所示。

【效果所在位置】Ch08\效果\制作高冷照片.psd。

图 8-1

（1）按 Ctrl + O 组合键，打开本书学习资源中的"Ch08 > 素材 > 制作高冷照片 > 01"文件，如图 8-2 所示。按 Ctrl+J 组合键，复制图层，如图 8-3 所示。

（2）选择"图像 > 调整 > 亮度/对比度"命令，在弹出的"亮度/对比度"对话框中进行设置，如图 8-4 所示。单击"确定"按钮，效果如图 8-5 所示。

图 8-2　　　　　　　　　　图 8-3　　　　　　　　　　图 8-4

（3）选择"图像 > 调整 > 色彩平衡"命令，在弹出的"色彩平衡"对话框中进行设置，如图 8-6 所示。单击"确定"按钮，效果如图 8-7 所示。

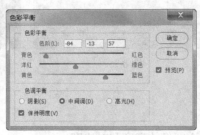

图 8-5　　　　　　　　　　图 8-6　　　　　　　　　　图 8-7

（4）按 Ctrl + O 组合键，打开本书学习资源中的"Ch08 > 素材 > 制作高冷照片 > 02"文件。选择"移动"工具 ⊕，将 02 图像拖曳到 01 图像窗口中适当的位置，效果如图 8-8 所示。在"图层"控制面板中生成新的图层并将其命名为"光影"。在"图层"控制面板上方，将图层的混合模式选项设为"柔光"，"不透明度"选项设为 50%，如图 8-9 所示，图像效果如图 8-10 所示。

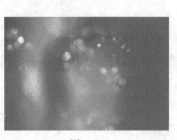

图 8-8   图 8-9   图 8-10

（5）单击"图层"控制面板下方的"添加蒙版"按钮 ◙，为图层添加蒙版，如图 8-11 所示。将前景色设为黑色。选择"画笔"工具 ✎，在属性栏中单击"画笔"选项，弹出画笔选择面板，在面板中选择需要的画笔形状，设置如图 8-12 所示。在属性栏中将"不透明度"选项设为 38%，在图像窗口中擦除不需要的图像，效果如图 8-13 所示。

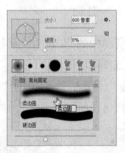

图 8-11   图 8-12   图 8-13

（6）单击"光影"图层的缩览图，如图 8-14 所示。选择"图像 > 调整 > 亮度/对比度"命令，在弹出的"亮度/对比度"对话框中进行设置，如图 8-15 所示。单击"确定"按钮，效果如图 8-16 所示。高冷照片制作完成。

图 8-14   图 8-15   图 8-16

8.1.2   亮度/对比度

亮度/对比度命令可以调整整个图像的亮度和对比度。

打开一张图片，如图 8-17 所示。选择"图像 > 调整 > 亮度/对比度"命令，弹出"亮度/对比度"对话框，设置如图 8-18 所示。单击"确定"按钮，效果如图 8-19 所示。

图 8-17　　　　　　　　　　　图 8-18　　　　　　　　　　　图 8-19

8.1.3　色彩平衡

选择"图像 > 调整 > 色彩平衡"命令，或按 Ctrl+B 组合键，弹出"色彩平衡"对话框，如图 8-20 所示。

色彩平衡：用于添加过渡色来平衡色彩效果，拖曳滑块可以调整整个图像的色彩，也可以在"色阶"选项的数值框中直接输入数值调整图像的色彩。

色调平衡：用于选取图像的调整区域，包括阴影、中间调和高光。

保持明度：用于保持原图像的明度。

设置不同的色彩平衡后，图像效果如图 8-21 所示。

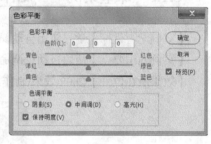

图 8-20

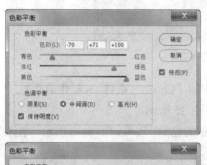

图 8-21

8.1.4　反相

选择"图像 > 调整 > 反相"命令，或按 Ctrl+I 组合键，可以将图像或选区的像素反转为补色，使其出现底片效果。不同色彩模式的图像反相后的效果如图 8-22 所示。

131

原始图像

RGB 色彩模式反相后的效果

CMYK 色彩模式反相后的效果

图 8-22

提示　　反相效果是对图像的每一个色彩通道进行反相后的合成效果,不同色彩模式的图像反相后的效果是不同的。

8.1.5　课堂案例——制作清新照片

【案例学习目标】学习使用自动颜色和色调均化命令调整图片的颜色。

【案例知识要点】使用自动色调命令和色调均化命令调整图片的颜色,最终效果如图 8-23 所示。

【效果所在位置】Ch08\效果\制作清新照片.psd。

图 8-23

（1）按 Ctrl+O 组合键，打开本书学习资源中的"Ch08 > 素材 > 制作清新照片 > 01"文件，如图 8-24 所示。按 Ctrl+J 组合键，复制图层，如图 8-25 所示。

（2）选择"图像 > 自动色调"命令，调整图像的色调，效果如图 8-26 所示。选择"图像 > 调整 > 色调均化"命令，调整图像，效果如图 8-27 所示。

图 8-24

图 8-25

图 8-26

（3）按 Ctrl + O 组合键，打开本书学习资源中的"Ch08 > 素材 > 制作清新照片 > 02"文件。选择"移动"工具 ，将 02 图像拖曳到 01 图像窗口中适当的位置，效果如图 8-28 所示。在"图层"

控制面板中生成新的图层并将其命名为"文字"，如图 8-29 所示。清新照片制作完成。

图 8-27 　　　　　　　　　　　图 8-28 　　　　　　　　　　　图 8-29

8.1.6　自动色调

自动色调命令可以对图像的色调进行自动调整。系统将以 0.10% 色调来对图像进行加亮和变暗。按 Shift+Ctrl+L 组合键，可以对图像的色调进行自动调整。

8.1.7　自动对比度

自动对比度命令可以对图像的对比度进行自动调整。按 Alt+Shift+Ctrl+L 组合键，可以对图像的对比度进行自动调整。

8.1.8　自动颜色

自动颜色命令可以对图像的色彩进行自动调整。按 Shift+Ctrl+B 组合键，可以对图像的色彩进行自动调整。

8.1.9　色调均化

色调均化命令用于调整图像或选区像素的过黑部分，使图像变得明亮，并将图像中其他的像素平均分配在亮度色谱中。

选择"图像 > 调整 > 色调均化"命令，在不同的色彩模式下图像将产生不同的效果，如图 8-30 所示。

原始图像　　　　　RGB 色调均化的效果　　　CMYK 色调均化的效果　　Lab 色调均化的效果

图 8-30

133

8.1.10　课堂案例——制作美食照片

【案例学习目标】学习使用不同的调色命令调整图片颜色。

【案例知识要点】使用色阶命令、渐变映射命令和色相/饱和度命令调整图片的颜色，最终效果如图 8-31 所示。

【效果所在位置】Ch08\效果\制作美食照片.psd。

图 8-31

（1）按 Ctrl+O 组合键，打开本书学习资源中的"Ch08 > 素材 > 制作美食照片 > 01"文件，如图 8-32 所示。按 Ctrl+J 组合键，复制图层，如图 8-33 所示。

（2）选择"图像 > 调整 > 色阶"命令，在弹出的对话框中进行设置，如图 8-34 所示。单击"确定"按钮，效果如图 8-35 所示。

图 8-32

图 8-33

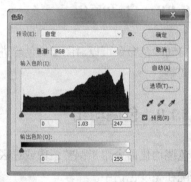

图 8-34

（3）选择"图像 > 调整 > 渐变映射"命令，弹出"渐变映射"对话框，单击"点按可编辑渐变"按钮，弹出"渐变编辑器"对话框，在"位置"选项中分别输入 0、28、67、89、100 五个位置点，分别设置五个位置点颜色的 RGB 值为 0（255、242、31）、28（252、204、0）、67（241、148、47）、89（233、102、45）、100（229、53、43），如图 8-36 所示，单击"确定"按钮，返回对话框。勾选"反向"复选框，单击"确定"按钮，图像效果如图 8-37 所示。

（4）在"图层"控制面板上方，将图层的混合模式选项设为"柔光"，"不透明度"选项设为 37%，如图 8-38 所示，图像效果如图 8-39 所示。

图 8-35

图 8-36　　　　　　　　　　　　图 8-37　　　　　　　　　　　　图 8-38

（5）按 Ctrl+Shift+Alt+E 组合键，将所有可见图层中的图像盖印到一个新图层中，如图 8-40 所示。选择"图像 > 调整 > 色相/饱和度"命令，在弹出的"色相/饱和度"对话框中进行设置，如图 8-41 所示。单击"确定"按钮，效果如图 8-42 所示。

（6）在"图层"控制面板中单击"图层 1"左侧的眼睛图标 ，将"图层 1"隐藏，如图 8-43 所示。单击"图层"控制面板下方的"添加蒙版"按钮 ，为"图层 2"添加蒙版，如图 8-44 所示。

图 8-39　　　　　　　　　　　　图 8-40　　　　　　　　　　　　图 8-41

图 8-42　　　　　　　　　　　　图 8-43　　　　　　　　　　　　图 8-44

（7）将前景色设为黑色。选择"画笔"工具 ，在属性栏中单击"画笔"选项，弹出画笔选择面板，在面板中选择需要的画笔形状，设置如图 8-45 所示。在图像窗口中擦除不需要的图像，效果如图 8-46 所示。

（8）将前景色设为褐色（其 R、G、B 的值分别为 89、20、0）。选择"横排文字"工具 ，在图像窗口中输入需要的文字并选取文字，在属性栏中选择合适的字体并设置文字大小，如图 8-47 所示。在"图层"控制面板中生成新的文字图层。美食照片制作完成。

| 图 8-45 | 图 8-46 | 图 8-47 |

8.1.11　色阶

打开一张图片，如图 8-48 所示。选择"图像 > 调整 > 色阶"命令，或按 Ctrl+L 组合键，弹出"色阶"对话框，如图 8-49 所示。对话框中间是一个直方图，其横坐标的取值范围为 0 ~ 255，表示亮度值，纵坐标为图像的像素值。

通道：可以选择不同的颜色通道来调整图像。如果想选择两个以上的色彩通道，要先在"通道"控制面板中选择所需要的通道，再调出"色阶"对话框。

输入色阶：可以通过输入数值或拖曳滑块来调整图像。左侧的数值框和黑色滑块用于调整黑色，图像中低于该亮度值的所有像素将变为黑色；中间的数值框和灰色滑块用于调整灰度，其数值范围为 0.01 ~ 9.99；右侧的数值框和白色滑块用于调整白色，图像中高于该亮度值的所有像素将变为白色。

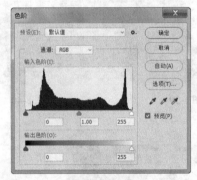

| 图 8-48 | 图 8-49 |

调整"输入色阶"选项的 3 个滑块后，图像将产生不同的色彩效果，如图 8-50 所示。

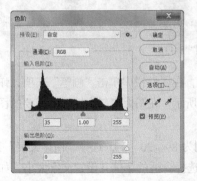

图 8-50

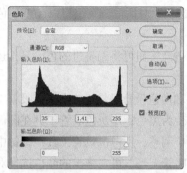

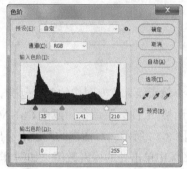

图 8-50（续）

　　输出色阶：可以通过输入数值或拖曳滑块来控制图像的亮度范围。左侧的数值框和黑色滑块用于调整图像中最暗像素的亮度；右侧的数值框和白色滑块用于调整图像中最亮像素的亮度。

　　调整"输出色阶"选项的 2 个滑块后，图像将产生不同的色彩效果，如图 8-51 所示。

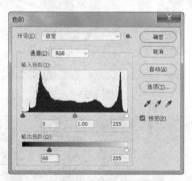

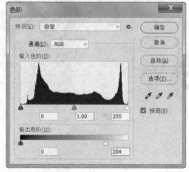

图 8-51

（自动(A)）：可以自动调整图像并设置层次。

（选项(T)...）：单击此按钮，可弹出"自动颜色校正选项"对话框，系统将以 0.10%色阶来对图像进行加亮或变暗。

（取消）：按住 Alt 键，转换为（复位）按钮，单击此按钮可将调整过的色阶复位还原，重新进行设置。

✐✐✐：分别为黑色吸管工具、灰色吸管工具和白色吸管工具。选中黑色吸管工具，用鼠标在图像中单击一点，图像中暗于单击点的所有像素都会变为黑色；用灰色吸管工具在图像中单击，单击点的像素都会变为灰色，图像中的其他颜色也会有相应调整；用白色吸管工具在图像中单击一点，图像中亮于单击点的所有像素都会变为白色。双击任意吸管工具，可在弹出的颜色选择对话框中设置吸管颜色。

8.1.12　曲线

曲线命令可以通过调整图像色彩曲线上的任意一个像素点来改变图像的色彩范围。

打开一张图片，如图 8-52 所示。选择"图像 > 调整 > 曲线"命令，或按 Ctrl+M 组合键，弹出"曲线"对话框，如图 8-53 所示。在图像中单击，如图 8-54 所示，对话框的图表上会出现一个圆圈，x 轴为色彩的输入值，y 轴为色彩的输出值，表示在图像中单击处的像素数值，如图 8-55 所示。

图 8-52

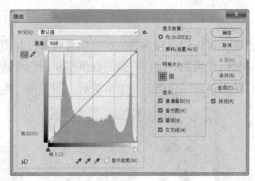

图 8-53

图 8-54

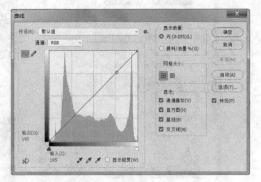

图 8-55

通道：可以选择图像的颜色调整通道。

✐✐：可以改变曲线的形状，添加或删除控制点。

输入/输出：显示图表中光标所在位置的亮度值。

显示数量：可以选择图表的显示方式。

网格大小：可以选择图表中网格的显示大小。

显示：可以选择图表的显示内容。

自动(A)：可以自动调整图像的亮度。

下面为调整不同参数后的图像效果，如图 8-56 所示。

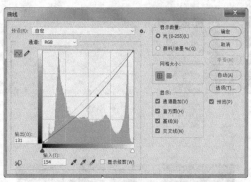

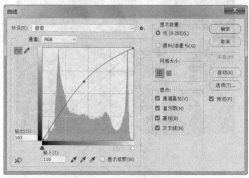

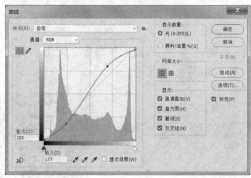

图 8-56

8.1.13　渐变映射

打开一张图片，如图 8-57 所示。选择"图像 > 调整 > 渐变映射"命令，弹出"渐变映射"对话框，如图 8-58 所示。单击"点按可编辑渐变"按钮，在弹出的"渐变编辑器"对话框中设置渐变色，如图 8-59 所示。单击"确定"按钮，图像效果如图 8-60 所示。

灰度映射所用的渐变：用于选择和设置渐变。

仿色：用于为转变色阶后的图像增加仿色。

反向：用于反转转变色阶后的图像颜色。

图 8-57

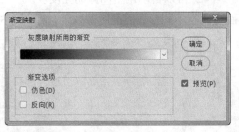

图 8-58

图 8-59

图 8-60

8.1.14　阴影/高光

打开一张图片，如图 8-61 所示。选择"图像 > 调整 > 阴影/高光"命令，弹出"阴影/高光"对话框，设置如图 8-62 所示。单击"确定"按钮，效果如图 8-63 所示。

图 8-61

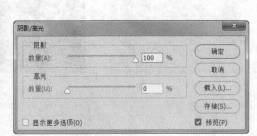

图 8-62

图 8-63

8.1.15　色相/饱和度

打开一张图片，如图 8-64 所示。选择"图像 > 调整 > 色相/饱和度"命令，或按 Ctrl+U 组合键，弹出"色相/饱和度"对话框，设置如图 8-65 所示。单击"确定"按钮，效果如图 8-66 所示。

图 8-64　　　　　　　　　　　图 8-65　　　　　　　　　　　图 8-66

预设：用于选择要调整的色彩范围，可以通过拖曳各选项中的滑块来调整图像的色相、饱和度和明度。

着色：用于在由灰度模式转化而来的色彩模式图像中添加需要的颜色。

在对话框中勾选"着色"复选框，设置如图 8-67 所示。单击"确定"按钮，图像效果如图 8-68 所示。

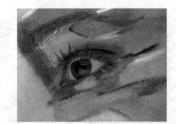

图 8-67　　　　　　　　　　　　　　　　图 8-68

8.1.16　课堂案例——制作婚礼照片

【案例学习目标】学习使用不同的调色命令调整图片的颜色。

【案例知识要点】使用可选颜色命令、曝光度命令和照片滤镜命令调整图片颜色，使用自定形状工具绘制装饰图形，使用横排文字工具添加文字，最终效果如图 8-69 所示。

【效果所在位置】Ch08\效果\制作婚礼照片.psd。

图 8-69

141

（1）按 Ctrl+O 组合键，打开本书学习资源中的"Ch08 > 素材 > 制作婚礼照片 > 01"文件，如图 8-70 所示。按 Ctrl+J 组合键，复制图层，如图 8-71 所示。

（2）选择"图像 > 调整 > 可选颜色"命令，弹出"可选颜色"对话框，选择"红色"，选项的设置如图 8-72 所示。单击"确定"按钮，效果如图 8-73 所示。

（3）选择"图像 > 调整 > 曝光度"命令，在弹出的"曝光度"对话框中进行设置，如图 8-74 所示。单击"确定"按钮，效果如图 8-75 所示。

图 8-70

图 8-71

图 8-72

图 8-73

图 8-74

图 8-75

（4）选择"图像 > 调整 > 照片滤镜"命令，在弹出的"照片滤镜"对话框中进行设置，如图 8-76 所示。单击"确定"按钮，效果如图 8-77 所示。

（5）选择"图像 > 调整 > 亮度/对比度"命令，在弹出的"亮度/对比度"对话框中进行设置，如图 8-78 所示。单击"确定"按钮，效果如图 8-79 所示。

（6）新建图层并将其命名为"装饰"。将前景色设为粉色（其 R、G、B 的值分别为 234、104、162）。选择"自定形状"工具 ，在属性栏中单击"形状"选项，在弹出的"形状"面板中选择需要的图形，如图 8-80 所示。在属性栏中的"选择工具模式"选项中选择"形状"，在图像窗口中拖曳鼠标绘制图形，效果如图 8-81 所示。在"图层"控制面板中生成新图层"形状 1"。

图 8-76

图 8-77

图 8-78

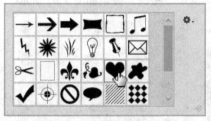

图 8-79　　　　　　　　　图 8-80　　　　　　　　　图 8-81

（7）在"图层"控制面板的上方，将"不透明度"选项为 41%，如图 8-82 所示，图像效果如图 8-83 所示。按 Ctrl+J 组合键，复制图层，如图 8-84 所示。

图 8-82　　　　　　　　　图 8-83　　　　　　　　　图 8-84

（8）按 Ctrl+T 组合键，在图形周围出现变换框，如图 8-85 所示，按住 Alt+Shift 键的同时，拖曳右上角的控制手柄等比例缩小图形，如图 8-86 所示，按 Enter 键确认操作。

（9）在"图层"控制面板的上方，将"不透明度"选项设为 47%，如图 8-87 所示。将前景色设为白色。选择"横排文字"工具 T，在图像窗口中输入需要的文字并选取文字，在属性栏中选择合适的字体并设置文字大小，如图 8-88 所示。在"图层"控制面板中生成新的文字图层。婚礼照片制作完成，如图 8-89 所示。

图 8-85　　　　　　　图 8-86

图 8-87　　　　　　　　　图 8-88　　　　　　　　　图 8-89

8.1.17　可选颜色

打开一张图片，如图 8-90 所示。选择"图像 > 调整 > 可选颜色"命令，弹出"可选颜色"对话框，设置如图 8-91 所示。单击"确定"按钮，效果如图 8-92 所示。

图 8-90   图 8-91   图 8-92

颜色：可以选择图像中含有的不同色彩，通过拖曳滑块或输入数值调整青色、洋红、黄色、黑色的百分比。

方法：可以选择调整方法，包括"相对"和"绝对"。

8.1.18　曝光度

打开一张图片，如图 8-93 所示。选择"图像 > 调整 > 曝光度"命令，弹出"曝光度"对话框，设置如图 8-94 所示。单击"确定"按钮，效果如图 8-95 所示。

图 8-93   图 8-94   图 8-95

曝光度：可以调整色彩范围的高光端，对极限阴影的影响很轻微。

位移：可以使阴影和中间调变暗，对高光的影响很轻微。

灰度系数校正：可以使用乘方函数调整图像灰度系数。

8.1.19　照片滤镜

照片滤镜命令用于模仿传统相机的滤镜效果处理图像，通过调整图片颜色获得各种丰富的效果。

打开一张图片。选择"图像 > 调整 > 照片滤镜"命令，弹出"照片滤镜"对话框，如图 8-96 所示。

滤镜：用于选择颜色调整的过滤模式。

颜色：单击右侧的图标，弹出"选择滤镜颜色"对话框，

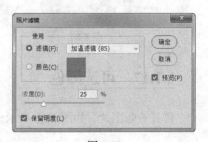

图 8-96

可以设置颜色值对图像进行过滤。

浓度：可以设置过滤颜色的百分比。

保留明度：勾选此复选框，图片的白色部分颜色保持不变；取消勾选此复选框，则图片的全部颜色都随之改变，效果如图 8-97 所示。

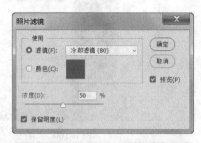
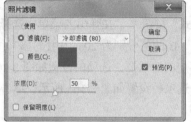

图 8-97

8.2　特殊颜色处理

特殊颜色处理命令可以使图像产生独特的颜色变化。

8.2.1　课堂案例——制作情侣照片

【案例学习目标】学习使用替换颜色命令、去色命令和色调分离命令调整图片颜色。

【案例知识要点】使用矩形工具和图层样式命令制作矩形，使用替换颜色命令替换头发颜色，使用去色命令和色调分离命令制作单色照片，使用创建剪贴蒙版命令制作照片，使用横排文字工具添加文字，最终效果如图 8-98 所示。

【效果所在位置】Ch08\效果\制作情侣照片.psd。

图 8-98

（1）按 Ctrl+O 组合键，打开本书学习资源中的"Ch08 > 素材 > 制作情侣照片 > 01"文件，如图 8-99 所示。将前景色设为白色。选择"矩形"工具 □，在属性栏中的"选择工具模式"选项中选择"形状"，在图像窗口中绘制矩形，如图 8-100 所示。在"图层"控制面板中生成新的图层"矩形 1"。

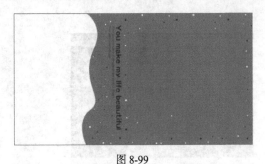

图 8-99

图 8-100

（2）单击"图层"控制面板下方的"添加图层样式"按钮 fx，在弹出的菜单中选择"描边"命令，弹出对话框，将"颜色"选项设为土黄色（其 R、G、B 的值分别为 205、191、159），其他选项的设置如图 8-101 所示。选择"内阴影"选项，切换到相应的对话框，选项的设置如图 8-102 所示。

（3）选择"投影"选项，切换到相应的对话框，选项的设置如图 8-103 所示。单击"确定"按钮，效果如图 8-104 所示。

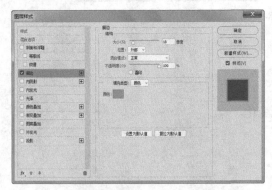

图 8-101

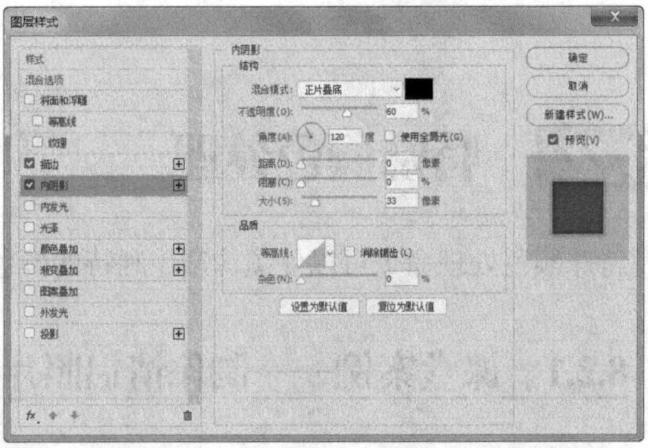

图 8-102

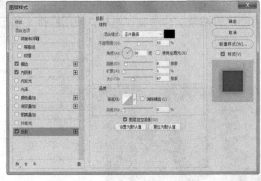

图 8-103

图 8-104

（4）按 Ctrl+O 组合键，打开本书学习资源中的"Ch08 > 素材 > 制作情侣照片 > 02"文件，如图 8-105 所示。选择"图像 > 调整 > 替换颜色"命令，弹出"替换颜色"对话框。在图像窗口中单击吸取要替换的颜色，其他选项的设置如图 8-106 所示。单击"确定"按钮，效果如图 8-107 所示。

图 8-105

图 8-106

图 8-107

（5）选择"移动"工具 ⊕，将 02 图像拖曳到 01 图像窗口中适当的位置并调整其大小，效果如图 8-108 所示。在"图层"控制面板中生成新的图层并将其命名为"照片 1"，如图 8-109 所示。

（6）将前景色设为黑色。选择"矩形"工具 □，在属性栏中的"选择工具模式"选项中选择"形状"，按住 Shift 键的同时，在图像窗口中绘制矩形，如图 8-110 所示。在"图层"控制面板中生成新图层"矩形 2"。

图 8-108

图 8-109

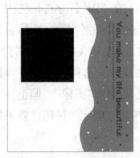
图 8-110

（7）按 Ctrl+O 组合键，打开本书学习资源中的"Ch08 > 素材 > 制作情侣照片 > 03"文件，如图 8-111 所示。

（8）选择"移动"工具 ⊕，将 03 图像拖曳到 01 图像窗口中适当的位置并调整其大小，效果如图 8-112 所示。在"图层"控制面板中生成新的图层并将其命名为"照片 2"，如图 8-113 所示。按 Alt+Ctrl+G 组合键，创建剪贴蒙版，效果如图 8-114 所示。

（9）在"图层"控制面板中，按住 Shift 键的同时，单击"矩形 2"图层，将"照片 2"图层与"矩形 2"

图 8-111

图层同时选中，如图 8-115 所示。选择"移动"工具 ⊕，按住 Alt 键的同时，将图像拖曳到适当的位置，复制图像，效果如图 8-116 所示。在"图层"控制面板中生成拷贝图层，如图 8-117 所示。

图 8-112　　　　　　　　　　　图 8-113　　　　　　　　　　　图 8-114

图 8-115　　　　　　　　　　　图 8-116　　　　　　　　　　　图 8-117

（10）在"图层"控制面板中，单击"照片 2 拷贝"图层，将其选中，如图 8-118 所示。按 Delete 键，将选中的图层删除，图像窗口中的效果如图 8-119 所示。

（11）按 Ctrl+O 组合键，打开本书学习资源中的"Ch08 > 素材 > 制作情侣照片 > 04"文件，如图 8-120 所示。选择"图像 > 调整 > 去色"命令，去除图片颜色，效果如图 8-121 所示。

（12）选择"图像 > 调整 > 色调分离"命令，弹出"色调分离"对话框，选项的设置如图 8-122 所示。单击"确定"按钮，效果如图 8-123 所示。

图 8-118　　　　　　　　　　　图 8-119　　　　　　　　　　　图 8-120

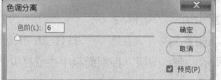

图 8-121　　　　　　　　　　　图 8-122　　　　　　　　　　　图 8-123

（13）选择"移动"工具 ⊕，将 04 图像拖曳到 01 图像窗口中适当的位置并调整其大小，效果如图 8-124 所示。在"图层"控制面板中生成新的图层并将其命名为"照片 3"，如图 8-125 所示。按 Alt+Ctrl+G 组合键，创建剪贴蒙版，效果如图 8-126 所示。

图 8-124　　　　　　　　图 8-125　　　　　　　　图 8-126

（14）将前景色设为浅黄色（其 R、G、B 的值分别为 205、194、177）。选择"横排文字"工具 T，在图像窗口中输入需要的文字并选择文字，在属性栏中选择合适的字体并设置大小，效果如图 8-127 所示，在"图层"控制面板中生成新的文字图层。情侣照片制作完成，效果如图 8-128 所示。

图 8-127　　　　　　　　　　　　图 8-128

8.2.2　去色

选择"图像 > 调整 > 去色"命令，或按 Shift+Ctrl+U 组合键，可以去掉图像中的色彩，使图像变为灰度图，但图像的色彩模式并不改变。"去色"命令也可以用于图像的选区，将选区中的图像去色。

8.2.3　阈值

打开一张图片，如图 8-129 所示。选择"图像 > 调整 > 阈值"命令，弹出"阈值"对话框，设置如图 8-130 所示。单击"确定"按钮，图像效果如图 8-131 所示。

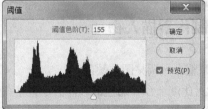

图 8-129　　　　　　　　图 8-130　　　　　　　　图 8-131

阈值色阶：可以通过拖曳滑块或输入数值改变图像的阈值。系统将使大于阈值的像素变为白色，小于阈值的像素变为黑色，使图像具有高度反差。

8.2.4　色调分离

打开一张图片，如图 8-132 所示。选择"图像 > 调整 > 色调分离"命令，弹出"色调分离"对话框，设置如图 8-133 所示。单击"确定"按钮，效果如图 8-134 所示。

图 8-132　　　　　　　　　　　　图 8-133　　　　　　　　　　　　图 8-134

色阶：可以指定色阶数，系统将以 256 阶的亮度对图像中的像素亮度进行分配。色阶数值越高，图像产生的变化越小。

8.2.5　替换颜色

替换颜色命令能够将图像中的颜色进行替换。

打开一张图片，如图 8-135 所示。选择"图像 > 调整 > 替换颜色"命令，弹出"替换颜色"对话框。在图像中单击吸取要替换的颜色，再调整色相、饱和度和明度，设置"结果"选项为蓝色，其他选项的设置如图 8-136 所示。单击"确定"按钮，效果如图 8-137 所示。

图 8-135　　　　　　　　　　　　图 8-136　　　　　　　　　　　　图 8-137

8.2.6　课堂案例——制作素描人物

【案例学习目标】学习使用调整命令调整图像颜色。

【案例知识要点】使用亮度/对比度命令和通道混合器命令调整图像颜色，使用图层蒙版和混合器画笔工具制作素描效果，使用横排文字工具添加文字，最终效果如图 8-138 所示。

【效果所在位置】Ch08\效果\制作素描人物.psd。

图 8-138

（1）按 Ctrl+O 组合键，打开本书学习资源中的"Ch08 > 素材 > 制作素描人物 > 01"文件，如图 8-139 所示。按 Ctrl+J 组合键，复制图层，如图 8-140 所示。

（2）选择"图像 > 调整 > 亮度/对比度"命令，在弹出的"亮度/对比度"对话框中进行设置，如图 8-141 所示。单击"确定"按钮，效果如图 8-142 所示。

图 8-139　　　　　图 8-140　　　　　　　　图 8-141　　　　　　　图 8-142

（3）选择"图像 > 调整 > 通道混合器"命令，弹出"通道混合器"对话框，勾选"单色"复选框，其他选项的设置如图 8-143 所示。单击"确定"按钮，效果如图 8-144 所示。

（4）新建图层并将其命名为"画笔"。将前景色设为白色，按 Alt+Delete 组合键，用前景色填充图层。单击"图层"控制面板下方的"添加蒙版"按钮 ，为图层添加蒙版，如图 8-145 所示。

图 8-143　　　　　　　　图 8-144　　　　　　　图 8-145

（5）将前景色设为黑色。选择"混合器画笔"工具 ，在属性栏中单击"画笔"选项，弹出画笔选择面板，单击面板右上方的 按钮，在弹出的菜单中选择"旧版画笔"选项，弹出提示对话框，单击"确定"按钮。在画笔选择面板中选择需要的画笔形状，如图 8-146 所示。其他选项的设置如图 8-147 所示。

图 8-146   图 8-147

（6）在图像窗口中擦除不需要的图像，效果如图 8-148 所示。将前景色设为深灰色（其 R、G、B 的值分别为 53、61、40）。选择"横排文字"工具 T，在图像窗口中输入需要的文字并选择文字，在属性栏中选择合适的字体并设置大小，效果如图 8-149 所示。在"图层"控制面板中生成新的文字图层。素描人物制作完成，效果如图 8-150 所示。

图 8-148   图 8-149   图 8-150

8.2.7　通道混合器

打开一张图片，如图 8-151 所示。选择"图像 > 调整 > 通道混合器"命令，弹出"通道混合器"对话框，设置如图 8-152 所示。单击"确定"按钮，效果如图 8-153 所示。

图 8-151   图 8-152   图 8-153

输出通道：可以选择要调整的通道。

源通道：可以设置输出通道中源通道所占的百分比。

常数：可以调整输出通道的灰度值。

单色：可以将彩色图像转换为黑白图像。

提示　所选图像的色彩模式不同，则"通道混合器"对话框中的内容也不同。

8.2.8　匹配颜色

匹配颜色命令用于对色调不同的图片进行调整，统一成一个协调的色调。

打开两张不同色调的图片，如图 8-154 和图 8-155 所示。选择需要调整的图片，选择"图像 > 调整 > 匹配颜色"命令，弹出"匹配颜色"对话框，在"源"选项中选择匹配文件的名称，再设置其他选项，如图 8-156 所示。单击"确定"按钮，效果如图 8-157 所示。

图 8-154

图 8-155

图 8-156

图 8-157

目标：显示所选择的匹配文件的名称。

应用调整时忽略选区：勾选此复选框，可以忽略图中的选区调整整张图像的颜色，如图 8-158 所示；不勾选此复选框，只调整图像中选区内的颜色，如图 8-159 所示。

图 8-158

图 8-159

图像选项：可以通过拖动滑块或输入数值来调整图像的明亮度、颜色强度和渐隐数值。

中和：可以确定是否消除图像中的色偏。

图像统计：可以设置图像的颜色来源。

课堂练习——制作艺术化照片

【练习知识要点】使用矩形选框工具、渐变命令和通道混合器命令制作艺术化照片效果，最终效果如图 8-160 所示。

【效果所在位置】Ch08\效果\制作艺术化照片.psd。

图 8-160

课后习题——制作冷艳照片

【习题知识要点】使用色相/饱和度命令和色彩平衡命令调整图片的颜色，使用文字工具输入需要的文字，最终效果如图 8-161 所示。

【效果所在位置】Ch08\效果\制作冷艳照片.psd。

图 8-161

第9章

图层的应用

本章介绍

本章主要介绍图层的应用技巧，讲解图层的混合模式、样式以及填充和调整图层、复合图层、盖印图层与智能对象等高级操作。通过学习本章内容，读者可以掌握图层的高级应用技巧，制作出丰富多变的图像效果。

学习目标

- 掌握图层混合模式和图层样式的使用。
- 掌握新建填充和调整图层的应用技巧。
- 了解图层复合、盖印和智能对象图层。

技能目标

- 熟练掌握"混合风景"的制作方法。
- 熟练掌握"3D 金属效果"的制作方法。
- 熟练掌握"腊八节宣传单"的制作方法。

9.1 图层的混合模式

图层混合模式在图像处理及效果制作中被广泛应用，特别是在多个图像合成方面有独特的作用及灵活性。

图 9-1

9.1.1 课堂案例——制作混合风景

【案例学习目标】学习为图层添加不同的模式使图层产生多种不同的效果。

【案例知识要点】使用色阶命令、图层蒙版和图层混合模式混合图像，使用横排文字工具和图层样式制作文字效果，最终效果如图 9-1 所示。

【效果所在位置】Ch09\效果\制作混合风景.psd。

（1）按 Ctrl+O 组合键，打开本书学习资源中的"Ch09 > 素材 > 制作混合风景 > 01"文件，如图 9-2 所示。选择"图像 > 调整 > 色阶"命令，在弹出的对话框中进行设置，如图 9-3 所示，单击"确定"按钮，效果如图 9-4 所示。

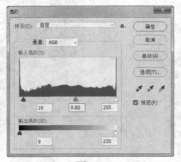

图 9-2   图 9-3   图 9-4

（2）按 Ctrl+O 组合键，打开本书学习资源中的"Ch09 > 素材 > 制作混合风景 > 02"文件，选择"移动"工具 ⊕，将 02 图像拖曳到 01 图像窗口中，效果如图 9-5 所示，在"图层"控制面板中生成新的图层并将其命名为"02"。

（3）单击"图层"控制面板下方的"添加图层蒙版"按钮 ▢，为图层添加蒙版。将前景色设为黑色。选择"画笔"工具 ✐，在属性栏中单击"画笔"选项，在弹出的面板中选择需要的画笔形状，如图 9-6 所示。在图像窗口中拖曳鼠标擦除不需要的图像，效果如图 9-7 所示。

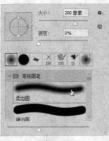

图 9-5   图 9-6   图 9-7

（4）在"图层"控制面板上方将"02"图层的混合模式选项设为"叠加"，如图 9-8 所示，图像效果如图 9-9 所示。

图 9-8　　　　　　　　　　　　　　图 9-9

（5）选择"横排文字"工具 $\boxed{T}$，输入需要的文字。按 Ctrl+T 组合键，弹出"字符"面板，选项的设置如图 9-10 所示，按 Enter 键确认操作，效果如图 9-11 所示，在"图层"控制面板中生成新的文字图层，如图 9-12 所示。

图 9-10　　　　　　　　　图 9-11　　　　　　　　　图 9-12

（6）单击"图层"控制面板下方的"添加图层样式"按钮 $\boxed{fx}$，在弹出的菜单中选择"外发光"命令，在弹出的对话框中进行设置，如图 9-13 所示，单击"确定"按钮，效果如图 9-14 所示。混合风景制作完成。

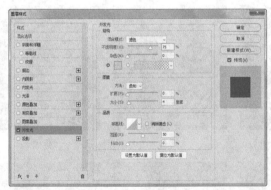

图 9-13　　　　　　　　　　　　　　图 9-14

9.1.2　图层混合模式

图层的混合模式用于使用图层间的混合制作特殊的合成效果。

在"图层"控制面板中，"设置图层的混合模式"选项 $\boxed{正常～～～～～}$ 用于设定图层的混合模式，它包含 27 种。打开一张图片，如图 9-15 所示，"图层"控制面板如图 9-16 所示。

图 9-15　　　　　　　　　　图 9-16

在对"文字"图层应用不同的混合模式后，图像效果如图 9-17 所示。

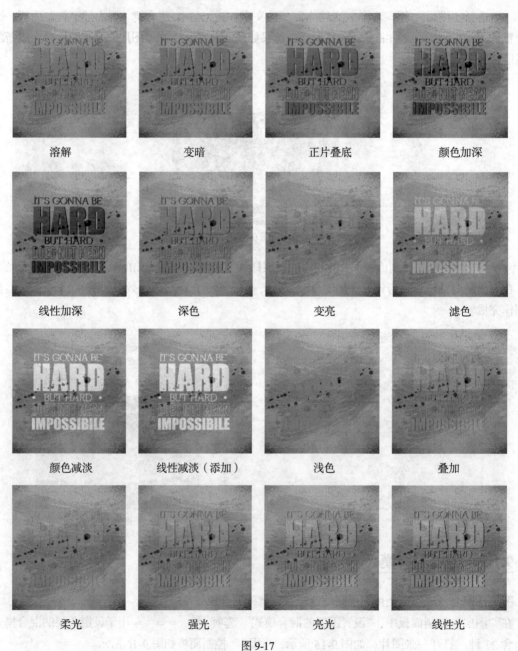

图 9-17

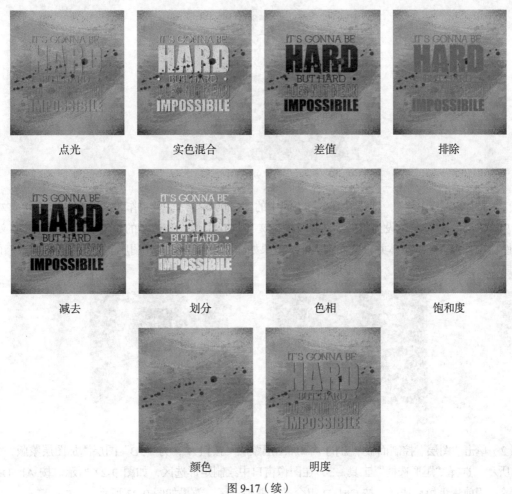

点光	实色混合	差值	排除
减去	划分	色相	饱和度
颜色	明度		

图 9-17（续）

9.2 图层样式

图层样式用于为图层中的图像添加斜面浮雕、发光、叠加和投影等效果，制作具有丰富质感的图像。

9.2.1 课堂案例——制作 3D 金属效果

【案例学习目标】学习使用图层样式制作计算机图标。

【案例知识要点】使用横排文字工具添加文字，使用添加图层样式命令和剪贴蒙版命令制作文字效果，最终效果如图 9-18 所示。

【效果所在位置】Ch09\效果\制作 3D 金属效果.psd。

图 9-18

（1）按 Ctrl+O 组合键，打开本书学习资源中的"Ch09 > 素材 > 制作 3D 金属效果 > 01"文件，如图 9-19 所示。将前景色设为黑色。选择"横排文字"工具 T.，在适当的位置输入文字并选取文字，在属性栏中选择合适的字体并设置文字大小，效果如图 9-20 所示。在"图层"控制面板中生成新的文字图层。

图 9-19   图 9-20

（2）单击"图层"控制面板下方的"添加图层蒙版"按钮 ▣，为"3D"图层添加图层蒙版，如图 9-21 所示。选择"矩形选框"工具 ▣，在图像窗口中绘制矩形选区，如图 9-22 所示。按 Alt+Delete 组合键，用前景色填充选区，按 Ctrl+D 组合键，取消选区，效果如图 9-23 所示。

图 9-21   图 9-22   图 9-23

（3）单击"图层"控制面板下方的"添加图层样式"按钮 fx.，在弹出的菜单中选择"斜面和浮雕"命令，弹出对话框，选项的设置如图 9-24 所示。选择对话框左侧的"等高线"选项，切换到相应的对话框，单击"等高线"选项右侧的按钮 ，在弹出的面板中选择"半圆"选项，其他选项的设置如图 9-25 所示。

（4）选择"内发光"选项，切换到相应的对话框，将"发光颜色"设为黑色，其他选项的设置如图 9-26 所示。选择"渐变叠加"选项，切换到相应的对话框，将渐变色设为黑色到白色，其他选项的设置如图 9-27 所示。

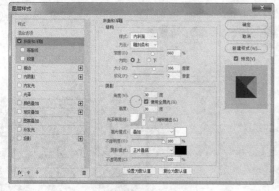
图 9-24

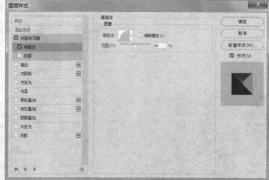
图 9-25

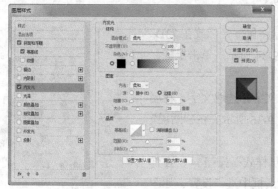
图 9-26

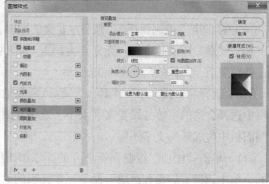
图 9-27

（5）选择"投影"选项，切换到相应的对话框，选项的设置如图 9-28 所示。单击"确定"按钮，效果如图 9-29 所示。

（6）按 Ctrl+O 组合键，打开本书学习资源中的"Ch09 ＞ 素材 ＞ 制作 3D 金属效果 ＞ 02"文件，如图 9-30 所示。

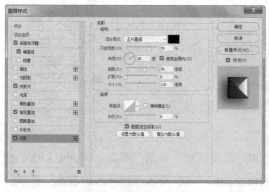
图 9-28

图 9-29

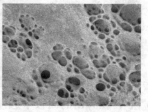
图 9-30

（7）选择"移动"工具 ，将 02 图片拖曳到 01 图像窗口中适当的位置并调整其大小，效果如图 9-31 所示。在"图层"控制面板中生成新的图层并将其命名为"纹理"。

（8）单击"图层"控制面板下方的"添加图层样式"按钮 ，在弹出的菜单中选择"混合选项"命令，在弹出的对话框中进行设置，如图 9-32 所示。单击"确定"按钮，图像效果如图 9-33 所示。

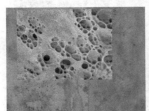

图 9-31

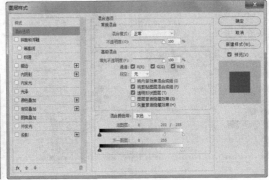

图 9-32

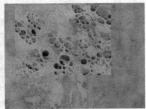

图 9-33

（9）在"图层"控制面板中，按住 Alt 键的同时，将鼠标光标放在"3D"图层和"纹理"图层的中间，光标变为 ↓ □，如图 9-34 所示。单击鼠标，创建剪贴蒙版，图像效果如图 9-35 所示。

（10）选择"横排文字"工具 T.，输入需要的文字并选取文字，在属性栏中选择合适的字体并设置文字大小，效果如图 9-36 所示。在"图层"控制面板中生成新的文字图层。

（11）单击"图层"控制面板下方的"添加图层样式"按钮 fx，在弹出的菜单中选择"斜面和浮雕"命令，在弹出的对话框中进行设置，如图 9-37 所示。

图 9-34

图 9-35

图 9-36

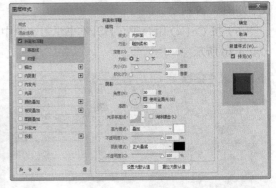

图 9-37

（12）选择对话框左侧的"等高线"选项，切换到相应的对话框，单击"等高线"选项右侧的按钮，在弹出的面板中选择"半圆"选项，其他选项的设置如图 9-38 所示。选择"内发光"选项，切换到相应的对话框，将"发光颜色"设为黑色，其他选项的设置如图 9-39 所示。

（13）选择"渐变叠加"选项，切换到相应的对话框，将渐变色设为黑色到白色，其他选项的设置如图 9-40 所示。选择"投影"选项，切换到相应的对话框，选项的设置如图 9-41 所示。单击"确定"按钮，效果如图 9-42 所示。

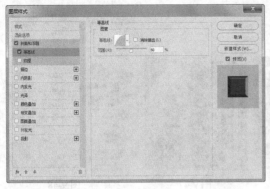 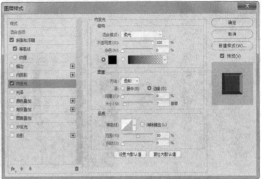

图 9-38 图 9-39

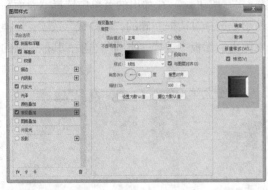 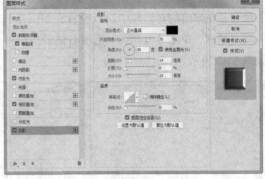

图 9-40 图 9-41

（14）将"纹理"图层拖曳到"图层"控制面板下方的"创建新图层"按钮 上进行复制，生成新的图层"纹理 拷贝"。将"纹理 拷贝"图层拖曳到"Adobe Photoshop"图层的上方，如图 9-43 所示。选择"移动"工具 ，在图像窗口中拖曳图片到适当的位置并调整其大小，效果如图 9-44 所示。

图 9-42 图 9-43 图 9-44

（15）按住 Alt 键的同时，将鼠标光标放在"Adobe Photoshop"图层和"纹理 拷贝"图层的中间，光标变为 ，如图 9-45 所示。单击鼠标，创建剪贴蒙版，图像效果如图 9-46 所示。

（16）将前景色设为白色。选择"直排文字"工具 ，输入需要的文字并选取文字，在属性栏中选择合适的字体并设置文字大小，效果如图 9-47 所示。在"图层"控制面板中生成新的文字图层，如图 9-48 所示。

图 9-45　　　　　　图 9-46　　　　　　图 9-47　　　　　　图 9-48

（17）单击"图层"控制面板下方的"添加图层样式"按钮 *fx*，在弹出的菜单中选择"斜面和浮雕"命令，在弹出的对话框中进行设置，如图 9-49 所示。选择对话框左侧的"等高线"选项，切换到相应的对话框，单击"等高线"选项右侧的按钮，在弹出的面板中选择"半圆"选项，其他选项的设置如图 9-50 所示。

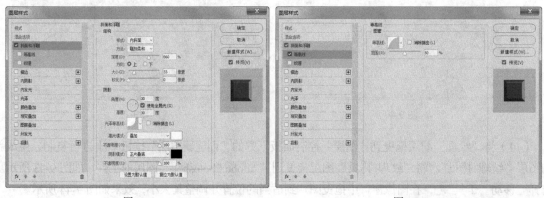

图 9-49　　　　　　　　　　　　　　　图 9-50

（18）选择"内发光"选项，切换到相应的对话框，将"发光颜色"设为黑色，其他选项的设置如图 9-51 所示。选择"渐变叠加"选项，切换到相应的对话框，将渐变色设为黑色到白色，其他选项的设置如图 9-52 所示。

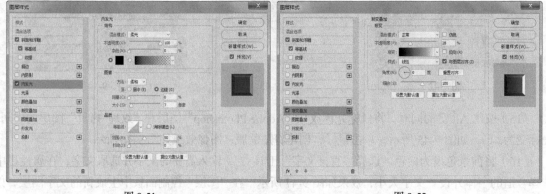

图 9-51　　　　　　　　　　　　　　　图 9-52

（19）选择"投影"选项，切换到相应的对话框，选项的设置如图 9-53 所示。单击"确定"按钮，效果如图 9-54 所示。

（20）将前景色设为黑色。选择"横排文字"工具 T，输入文字并选取文字，在属性栏中选择合适的字体并设置文字大小，效果如图 9-55 所示。在"图层"控制面板中生成新的文字图层。

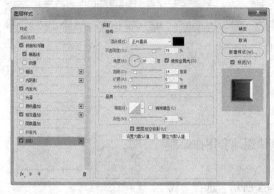
图 9-53

图 9-54

图 9-55

（21）在"I like it,I used it"图层上单击鼠标右键，在弹出的菜单中选择"拷贝图层样式"命令。在"PS"图层上单击鼠标右键，在弹出的菜单中选择"粘贴图层样式"命令，效果如图 9-56 所示。

（22）将"纹理"图层拖曳到"图层"控制面板下方的"创建新图层"按钮 上进行复制，生成新的图层"纹理 拷贝 2"。将图层"纹理 拷贝 2"拖曳到"PS"图层的上方。选择"移动"工具 ，在图像窗口中拖曳图片到适当的位置并调整其大小，效果如图 9-57 所示。

（23）在"图层"控制面板中，按住 Alt 键的同时，将鼠标光标放在"PS"图层和"纹理 拷贝 2"图层的中间，光标变为 。单击鼠标，创建剪贴蒙版，图像效果如图 9-58 所示。

图 9-56

图 9-57

图 9-58

（24）单击"图层"控制面板下方的"创建新的填充或调整图层"按钮 ，在弹出的菜单中选择"色阶"命令，在"图层"控制面板中生成"色阶 1"图层，同时弹出"色阶"面板，选项的设置如图 9-59 所示，效果如图 9-60 所示。

（25）将前景色设为黑色。选择"横排文字"工具 T，在图像窗口中分别输入文字并选取文字，在属性栏中分别选择合适的字体并设置文字大小，如图 9-61 所示。在"图层"控制面板中生成新的文字图层。3D 金属效果制作完成，效果如图 9-62 所示。

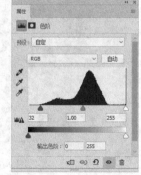
图 9-59

| 图 9-60 | 图 9-61 | 图 9-62 |

9.2.2 样式控制面板

"样式"控制面板用于存储各种图层特效，并将其快速地套用在要编辑的对象中，以节省操作步骤和操作时间。

打开一幅图像，选择要添加样式的图层，如图 9-63 所示。选择"窗口 > 样式"命令，弹出"样式"控制面板，单击右上方的 ≡ 图标，在弹出的菜单中选择"文字效果 2"命令，弹出提示对话框，如图 9-64 所示。单击"确定"按钮，样式被载入控制面板中。选择"金黄色斜面内缩"样式，如图 9-65 所示，图形被添加样式，效果如图 9-66 所示。

图 9-63

图 9-64

图 9-65

图 9-66

样式添加完成后，"图层"控制面板如图 9-67 所示。如果要删除其中某个样式，将其直接拖曳到控制面板下方的"删除图层"按钮 🗑 上即可，如图 9-68 所示，删除后的效果如图 9-69 所示。

图 9-67

图 9-68

图 9-69

9.2.3 图层样式

Photoshop 提供了多种图层样式可供选择，可以单独为图像添加一种样式，也可以同时为图像添加多种样式。

单击"图层"控制面板右上方的 ≡ 图标，弹出面板菜单，选择"混合选项"命令，弹出对话框，如图 9-70 所示。单击对话框左侧的任意选项，将弹出相应的效果对话框。还可以单击"图层"控制面板下方的"添加图层样式"按钮 fx，弹出其下拉菜单命令，如图 9-71 所示。

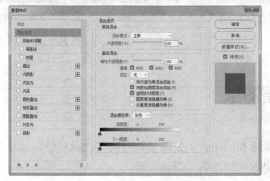 

图 9-70 图 9-71

"斜面和浮雕"命令用于使图像产生一种倾斜与浮雕的效果，"描边"命令用于为图像描边，"内阴影"命令用于使图像内部产生阴影效果，如图 9-72 所示。

斜面和浮雕 描边 内阴影

图 9-72

"内发光"命令用于在图像的边缘内部产生一种辉光效果，"光泽"命令用于使图像产生一种光泽效果，"颜色叠加"命令用于使图像产生一种颜色叠加效果，如图 9-73 所示。

内发光 光泽 颜色叠加

图 9-73

"渐变叠加"命令用于使图像产生一种渐变叠加效果，"图案叠加"命令用于在图像上添加图案效果，如图 9-74 所示。

"外发光"命令用于在图像的边缘外部产生一种辉光效果,"投影"命令用于使图像产生阴影效果,如图 9-75 所示。

渐变叠加　　　　　　　图案叠加　　　　　　　　外发光　　　　　　　投影

图 9-74　　　　　　　　　　　　　　　　　　图 9-75

9.3　新建填充和调整图层

填充图层可以为图层添加纯色、渐变和图案,调整图层是将调整色彩和色调命令应用于图层,两种调整都是在不改变原图层像素的前提下创建特殊的图像效果。

9.3.1　课堂案例——制作腊八节宣传单

【案例学习目标】学习使用填充和调整图层制作宣传单。

【案例知识要点】使用图案填充命令、图层的混合模式和不透明度制作底纹,使用色阶调整层和亮度/对比度调整层调整背景颜色,使用横排文字工具和图层样式制作文字,最终效果如图 9-76 所示。

【效果所在位置】Ch09\效果\制作腊八节宣传单.psd。

图 9-76

（1）按 Ctrl+N 组合键,新建一个文件,宽度为 21 厘米,高度为 28.5 厘米,分辨率为 150 像素/英寸,颜色模式为 RGB,背景内容为白色。将前景色设为蓝色(其 R、G、B 的值分别为 91、149、230)。按 Alt+Delete 组合键,用前景色填充背景图层,效果如图 9-77 所示。

（2）单击"图层"控制面板下方的"创建新的填充或调整图层"按钮 ⚪,在弹出的菜单中选择"图案填充"命令,在"图层"控制面板中生成"图案填充 1"图层,同时弹出"图案填充"对话框,单击左侧的图案选项,弹出图案选择面板,单击右上方的 ⚙ 按钮,在弹出的菜单中选择"彩色纸"命令,弹出提示对话框,单击"追加"按钮。在面板中选择需要的图案,如图 9-78 所示。对话框中选项的设置如图 9-79 所示。单击"确定"按钮,效果如图 9-80 所示。

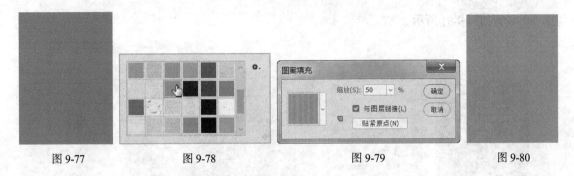

图 9-77　　　　　图 9-78　　　　　图 9-79　　　　　图 9-80

（3）在"图层"控制面板上方，将该图层的混合模式选项设为"柔光"，"不透明度"选项设为 80%，如图 9-81 所示。按 Enter 键确认操作，效果如图 9-82 所示。

（4）单击"图层"控制面板下方的"创建新的填充或调整图层"按钮 ，在弹出的菜单中选择"色阶"命令，在"图层"控制面板中生成"色阶 1"图层，同时弹出"色阶"面板，选项的设置如图 9-83 所示。按 Enter 键确认操作，效果如图 9-84 所示。

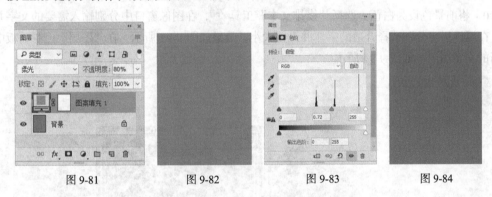

图 9-81　　　　　图 9-82　　　　　图 9-83　　　　　图 9-84

（5）单击"图层"控制面板下方的"创建新的填充或调整图层"按钮 ，在弹出的菜单中选择"亮度/对比度"命令，在"图层"控制面板中生成"亮度/对比度 1"图层，同时弹出"亮度/对比度"面板，选项的设置如图 9-85 所示。按 Enter 键确认操作，效果如图 9-86 所示。

（6）按 Ctrl + O 组合键，打开本书学习资源中的"Ch09 > 素材 > 制作腊八节宣传单 > 01、02"文件，如图 9-87 和图 9-88 所示。

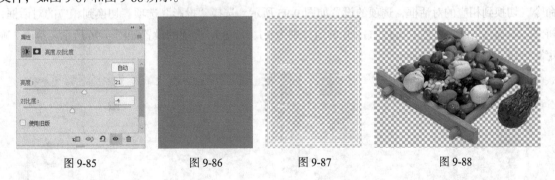

图 9-85　　　　　图 9-86　　　　　图 9-87　　　　　图 9-88

（7）选择"移动"工具 ，将 01、02 图片分别拖曳到图像窗口中适当的位置，如图 9-89 所示。在"图层"控制面板中分别生成新的图层并将其命名为"装饰"和"五谷"，如图 9-90 所示。

（8）单击"图层"控制面板下方的"添加图层样式"按钮 ，在弹出的菜单中选择"内发光"命令，切换到相应的对话框，将"发光颜色"设为深红色（其 R、G、B 的值分别为 136、19、33），其他选项的设置如图 9-91 所示。

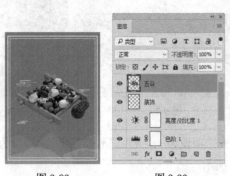

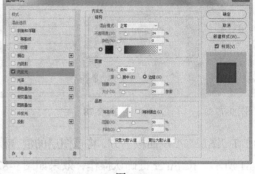

图 9-89   图 9-90   图 9-91

（9）选择"投影"选项，切换到相应的对话框，选项的设置如图 9-92 所示。单击"确定"按钮，完成样式的添加。

（10）将前景色设为白色。选择"横排文本"工具 T，在图像窗口中分别输入需要的文字并选取文字，在属性栏中分别选择合适的字体并设置大小，效果如图 9-93 所示。在"图层"控制面板中分别生成新的文字图层，如图 9-94 所示。

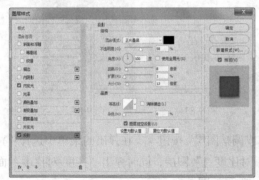

图 9-92   图 9-93   图 9-94

（11）单击"图层"控制面板下方的"添加图层样式"按钮 fx，在弹出的菜单中选择"内阴影"命令，切换到相应的对话框，选项的设置如图 9-95 所示。选择"投影"选项，切换到相应的对话框，将"阴影颜色"设为黑色（其 R、G、B 的值分别为 30、9、6），选项的设置如图 9-96 所示。单击"确定"按钮，完成样式的添加。

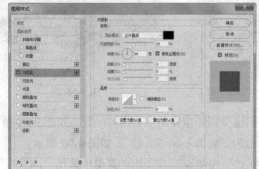

图 9-95   图 9-96

（12）在"图层"控制面板中，用鼠标右键单击"八"图层，在弹出的菜单中选择"拷贝图层样式"命令。分别在"腊""迎"和"喜"图层上单击鼠标右键，在弹出的菜单中选择"粘贴图层样式"命令，效果如图 9-97 所示。

图 9-97

（13）在"图层"控制面板中选中"八"图层。选择"横排文本"工具 T，在图像窗口中分别输入需要的文字并选取文字，在属性栏中分别选择合适的字体并设置大小，效果如图 9-98 所示。在"图层"控制面板中分别生成新的文字图层。

（14）在"图层"控制面板中选中"过了腊八节 就是年"图层。单击"图层"控制面板下方的"添加图层样式"按钮 fx，在弹出的菜单中选择"投影"命令，切换到相应的对话框，选项的设置如图 9-99 所示。单击"确定"按钮，效果如图 9-100 所示。

图 9-98

图 9-99

图 9-100

（15）用鼠标右键单击"过了腊八节 就是年"图层，在弹出的菜单中选择"拷贝图层样式"命令。在"After laba is year"图层上单击鼠标右键，在弹出的菜单中选择"粘贴图层样式"命令，效果如图 9-101 所示。

（16）在"图层"控制面板中选中最上方的文字图层。按 Ctrl + O 组合键，打开本书学习资源中的"Ch09 > 素材 > 制作腊八节宣传单 > 03"文件。选择"移动"工具 ，将 03 图片拖曳到图像窗口中的适当位置，如图 9-102 所示。在"图层"控制面板中生成新的图层并将其命名为"印章"。

图 9-101

图 9-102

（17）选择"横排文本"工具 T，在图像窗口中输入需要的文字并选取文字，在属性栏中选择合适的字体并设置大小，效果如图 9-103 所示。在"图层"控制面板中生成新的文字图层，如图 9-104 所示。

（18）单击"图层"控制面板下方的"添加图层样式"按钮 fx，在弹出的菜单中选择"投影"命令，切换到相应的对话框，将"阴影颜色"设为深蓝色（其 R、G、B 的值分别为 0、47、114），选项的设置如图 9-105 所示。单击"确定"按钮，效果如图 9-106 所示。腊八节宣传单制作完成，效果如图 9-107 所示。

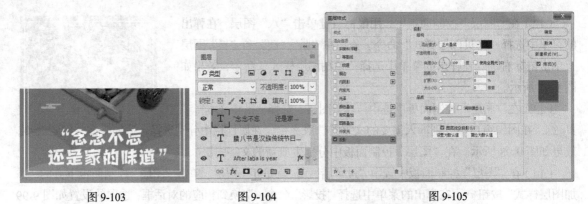

图 9-103   图 9-104   图 9-105

图 9-106   图 9-107

9.3.2　填充图层

选择 "图层 > 新建填充图层" 命令，或单击 "图层" 控制面板下方的 "创建新的填充或调整图层" 按钮 ，弹出填充图层的 3 种方式，如图 9-108 所示。选择其中的一种方式，弹出 "新建图层" 对话框。这里以 "渐变填充" 为例，如图 9-109 所示。单击 "确定" 按钮，弹出 "渐变填充" 对话框，如图 9-110 所示。单击 "确定" 按钮，"图层" 控制面板和图像的效果如图 9-111 和图 9-112 所示。

图 9-108   图 9-109   图 9-110

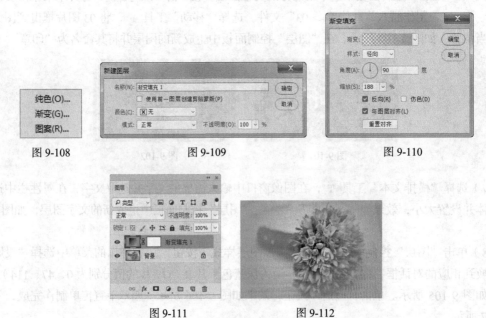

图 9-111   图 9-112

9.3.3　调整图层

选择"图层 > 新建调整图层"命令，或单击"图层"控制面板下方的"创建新的填充或调整图层"按钮 ，弹出调整图层的多种方式，如图 9-113 所示。选择其中的一种方式，将弹出"新建图层"对话框，如图 9-114 所示。选择不同的调整方式，将弹出不同的调整面板。以"色相/饱和度"为例，设置如图 9-115 所示。按 Enter 键确认操作，"图层"控制面板和图像的效果如图 9-116 和图 9-117 所示。

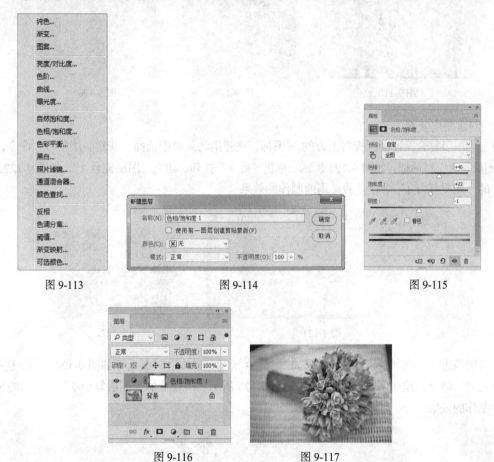

图 9-113　　　　　　　图 9-114　　　　　　　图 9-115

图 9-116　　　　　　　图 9-117

9.4　图层复合、盖印图层与智能对象图层

应用图层复合、盖印图层、智能对象图层可以提高制作图像的效率，快速得到制作过程中的步骤效果。

9.4.1　图层复合

图层复合可将同一文件中的不同图层效果组合并另存为多个"图层效果组合"，可以更加方便、快捷地展示和比较不同图层组合设计的视觉效果。

1．控制面板

设计好的图像效果如图 9-118 所示，"图层"控制面板如图 9-119 所示。选择"窗口 > 图层复合"命令，弹出"图层复合"控制面板，如图 9-120 所示。

图 9-118　　　　　　　　　　　　图 9-119　　　　　　　　　　　　图 9-120

2．创建图层复合

单击"图层复合"控制面板右上方的 ≡ 图标，在弹出的菜单中选择"新建图层复合"命令，弹出"新建图层复合"对话框，如图 9-121 所示。单击"确定"按钮，建立"图层复合 1"，如图 9-122 所示。所建立的"图层复合 1"中存储的是当前制作的效果。

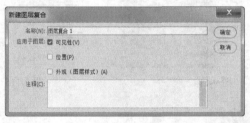
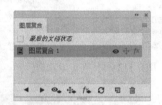

图 9-121　　　　　　　　　　　　　　　　图 9-122

再对图像进行修饰和编辑，图像效果如图 9-123 所示，"图层"控制面板如图 9-124 所示。选择"新建图层复合"命令，建立"图层复合 2"，如图 9-125 所示。所建立的"图层复合 2"中存储的是修饰编辑后制作的效果。

图 9-123　　　　　　　　　　　　图 9-124　　　　　　　　　　　　图 9-125

3．查看图层复合

在"图层复合"控制面板中单击"图层复合 1"左侧的方框，显示🔳图标，如图 9-126 所示，可以观察"图层复合 1"中的图像，如图 9-127 所示。单击"图层复合 2"左侧的方框，显示🔳图标，如图 9-128 所示，可以观察"图层复合 2"中的图像，如图 9-129 所示。

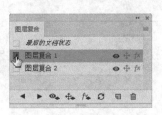

图 9-126

图 9-127

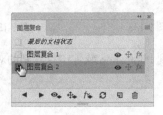

图 9-128

图 9-129

单击"应用选中的上一图层复合"按钮 ◄ 和"应用选中的下一图层复合"按钮 ►，可以快速地对两次图像编辑效果进行比较。

9.4.2　盖印图层

盖印图层是将图像窗口中所有当前显示出来的图像合并到一个新的图层中。

在"图层"控制面板中选中一个可见图层，如图 9-130 所示。按 Alt+Shift+Ctrl+E 组合键，将每个图层中的图像复制并合并到一个新的图层中，如图 9-131 所示。

图 9-130　　　　　　图 9-131

 提示　在执行此操作时，必须选择一个可见图层，否则将无法实现此操作。

9.4.3　智能对象图层

智能对象可以将一个或多个图层，甚至是一个矢量图形文件包含在 Photoshop 文件中。以智能对象形式嵌入 Photoshop 文件中的位图或矢量文件与当前的 Photoshop 文件能够保持相对的独立性。当对 Photoshop 文件进行修改或对智能对象进行变形、旋转时，不会影响嵌入的位图或矢量文件。

1．创建智能对象

选择"文件 > 置入"命令，为当前的图像文件置入一个矢量文件或位图文件。

打开一幅图像，如图 9-132 所示，"图层"控制面板如图 9-133 所示。选择"图层 > 智能对象 > 转换为智能对象"命令，可以将选中的图层转换为智能对象图层，如图 9-134 所示。

图 9-132　　　　　　　　　图 9-133　　　　　　　　　图 9-134

在 Illustrator 软件中对矢量对象进行复制，再回到 Photoshop 软件中将复制的对象进行粘贴，可创建智能对象图层。

2．编辑智能对象

双击"梅花"图层的缩览图，Photoshop 将打开一个新文件，即为智能对象"梅花"，如图 9-135 所示。此智能对象文件包含一个普通图层，如图 9-136 所示。

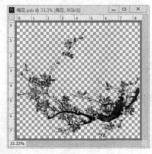

图 9-135　　　　　　　　　　图 9-136

在智能对象文件中对图像进行修改并保存，效果如图 9-137 所示。保存修改后，修改操作将影响嵌入此智能对象文件的图像最终效果，如图 9-138 所示。

图 9-137　　　　　　　　　　图 9-138

课堂练习——制作烟雾效果

【练习知识要点】使用混合颜色带、画笔工具和图层蒙版制作人物图片合成，使用混合颜色带抠出烟雾，使用色相/饱和度和亮度/对比度调整层调整图片颜色，最终效果如图 9-139 所示。

　　【效果所在位置】Ch09\效果\制作烟雾效果.psd。

图 9-139

课后习题——制作霓虹灯字

　　【习题知识要点】使用投影、内发光和外发光图层样式制作霓虹灯字，最终效果如图 9-140 所示。

　　【效果所在位置】Ch09\效果\制作霓虹灯字.psd。

图 9-140

第**10**章 应用文字

本章介绍

本章主要介绍 Photoshop 中文字的应用技巧。通过学习本章内容，读者要了解并掌握文字的功能及特点，快速地掌握点文字、段落文字的输入方法以及变形文字的设置和路径文字的制作技巧。

学习目标

- 掌握文字的输入和编辑技巧。
- 了解创建变形文字与路径文字的技巧。

技能目标

- 熟练掌握"蛋糕店代金券"的制作方法。
- 熟练掌握"音乐宣传卡"的制作方法。

10.1 文字的输入与编辑

应用文字工具输入文字，使用字符和段落控制面板可以对文字进行编辑和调整。

10.1.1 课堂案例——制作蛋糕店代金券

【案例学习目标】学习使用直排文字工具添加页面文字。

【案例知识要点】使用矩形工具绘制边框和矩形，使用横排文字工具、直排文字工具和字符面板制作页面文字，使用椭圆工具绘制装饰图形，最终效果如图 10-1 所示。

【效果所在位置】Ch10\效果\制作蛋糕店代金券.psd。

图 10-1

（1）按 Ctrl + O 组合键，打开本书学习资源中的"Ch10 > 素材 > 制作蛋糕店代金券 > 01"文件，如图 10-2 所示。选择"矩形"工具 ，在属性栏中的"选择工具模式"选项中选择"形状"，将"填充"选项设为无，"描边"选项设为粉色（其 R、G、B 的值分别为 255、147、199），"描边粗细"选项设为 12 像素，在图像窗口中拖曳鼠标绘制矩形，效果如图 10-3 所示。在"图层"控制面板中生成新的图层"矩形 1"。

图 10-2

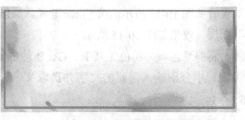

图 10-3

（2）再次在图像窗口中绘制一个矩形，效果如图 10-4 所示。在"图层"控制面板中生成新的图层"矩形 2"。在属性栏中将"填充"选项设为粉色（其 R、G、B 的值分别为 255、147、199），"描边"选项设为无，效果如图 10-5 所示。

（3）选择"钢笔"工具 ，在属性栏中的"选择工具模式"选项中选择"形状"，在图像窗口中绘制一条开放路径，如图 10-6 所示。在"图层"控制面板中生成新的图层"形状 1"。

（4）在属性栏中将"填充"选项设为无，"描边"选项设为粉色（其 R、G、B 的值分别为 255、147、199），"描边粗细"选项设为 4 像素，单击"设置形状描边类型"按钮 ，在弹出的"描边选项"面板中选择需要的描边类型，如图 10-7 所示，图像效果如图 10-8 所示。

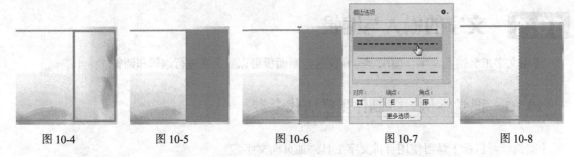

| 图 10-4 | 图 10-5 | 图 10-6 | 图 10-7 | 图 10-8 |

（5）按 Ctrl + O 组合键，打开本书学习资源中的"Ch10 > 素材 > 制作蛋糕店代金券 > 02"文件，如图 10-9 所示。选择"移动"工具 ⊕，将 02 图像拖曳到 01 图像窗口中适当的位置，效果如图 10-10 所示。在"图层"控制面板中生成新的图层并将其命名为"蛋糕"。

（6）将前景色设为褐色（其 R、G、B 的值分别为 70、33、19）。选择"横排文字"工具 T，在图像窗口中分别输入需要的文字并选取文字，在属性栏中分别选择合适的字体并设置大小，效果如图 10-11 所示。在"图层"控制面板中分别生成新的文字图层，如图 10-12 所示。

| 图 10-9 | 图 10-10 | 图 10-11 | 图 10-12 |

（7）在"图层"控制面板中选中"10"图层。选择"窗口 > 字符"命令，弹出"字符"面板，选项的设置如图 10-13 所示。按 Enter 键确认操作，文字效果如图 10-14 所示。用相同的方法设置"代金券"图层，效果如图 10-15 所示。

（8）将前景色设为粉色（其 R、G、B 的值分别为 253、85、166）。选择"横排文字"工具 T，在图像窗口中分别输入需要的文字并选取文字，在属性栏中分别选择合适的字体并设置大小，如图 10-16 所示。

| 图 10-13 | 图 10-14 | 图 10-15 | 图 10-16 |

（9）选中"使用细则"图层。在"字符"面板中进行设置，如图 10-17 所示。按 Enter 键确认操作，文字效果如图 10-18 所示。

（10）选择"椭圆"工具 ⬭，在属性栏中的"选择工具模式"选项中选择"形状"，按住 Shift 键的同时，在图像窗口中拖曳鼠标绘制圆形，效果如图 10-19 所示。

（11）按 Ctrl+Alt+T 组合键，在圆形的周围出现变换框，按住 Shift 键的同时，将圆形水平向右拖曳到适当的位置，按 Enter 键确认操作，效果如图 10-20 所示。连续按 Ctrl+Shift+Alt+T 组合键，复制多个圆形，效果如图 10-21 所示。按住 Shift 键的同时，在"图层"控制面板中，将"椭圆 1"图层及拷贝图层同时选中，按 Ctrl+E 组合键，合并图层并将其命名为"装饰圆"。

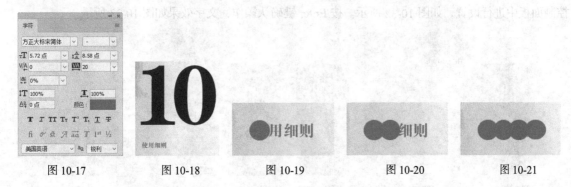

| 图 10-17 | 图 10-18 | 图 10-19 | 图 10-20 | 图 10-21 |

（12）在"图层"控制面板中，将"使用细则"图层拖曳到"装饰圆"图层的上方，如图 10-22 所示。将前景色设为白色。按 Alt+Shift+Delete 组合键，用前景色填充有像素区域，效果如图 10-23 所示。

（13）将前景色设为粉色（其 R、G、B 的值分别为 253、85、166）。选择"横排文字"工具 T，在属性栏中选择合适的字体并设置大小，在图像窗口中鼠标光标变为 I 图标，按住鼠标左键向右下方拖曳，松开鼠标，拖曳出一个段落文本框，如图 10-24 所示。

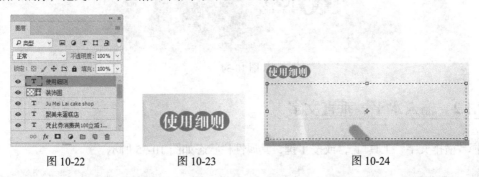

| 图 10-22 | 图 10-23 | 图 10-24 |

（14）在文本框中输入需要的文字，效果如图 10-25 所示。在"图层"控制面板中生成新的文字图层。选中"1.每次消费最多使用一..."图层，在"字符"面板中进行设置，如图 10-26 所示。按 Enter 键确认操作，文字效果如图 10-27 所示。

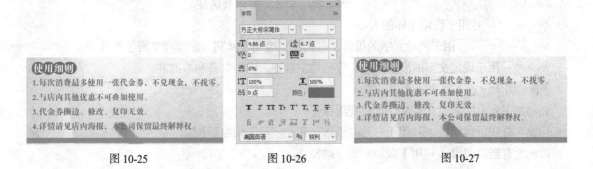

| 图 10-25 | 图 10-26 | 图 10-27 |

（15）将前景色设为白色。选择"直排文字"工具 IT, 在图像窗口中输入需要的文字并选取文字, 在属性栏中选择合适的字体并设置大小, 效果如图 10-28 所示。在"图层"控制面板中生成新的文字图层。在"字符"控制面板中进行设置, 如图 10-29 所示。按 Enter 键确认操作, 文字效果如图 10-30 所示。

（16）选择"横排文字"工具 T, 在图像窗口中输入需要的文字并选取文字, 在属性栏中选择合适的字体并设置大小, 效果如图 10-31 所示。在"图层"控制面板中生成新的文字图层。在"字符"控制面板中进行设置, 如图 10-32 所示。按 Enter 键确认操作, 文字效果如图 10-33 所示。

图 10-28　　　图 10-29　　　图 10-30　　　图 10-31　　　图 10-32　　　图 10-33

（17）蛋糕店代金券制作完成, 效果如图 10-34 所示。

图 10-34

10.1.2　输入水平、垂直文字

选择"横排文字"工具 T, 或按 T 键, 其属性栏状态如图 10-35 所示。

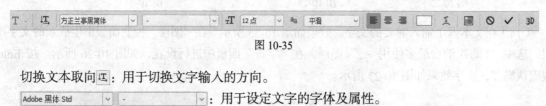

图 10-35

切换文本取向 I⊥: 用于切换文字输入的方向。

Adobe 黑体 Std ∨ - ∨: 用于设定文字的字体及属性。

T 12点 ∨: 用于设定字体的大小。

aa 锐利 ∨: 用于消除文字的锯齿, 包括无、锐利、犀利、浑厚和平滑 5 个选项。

≡ ≡ ≡: 用于设定文字的段落格式, 分别是左对齐、居中对齐和右对齐。

■: 用于设置文字的颜色。

创建文字变形 工: 用于对文字进行变形操作。

切换字符和段落面板 ▤: 用于打开"段落"和"字符"控制面板。

取消所有当前编辑 ◯: 用于取消对文字的操作。

提交所有当前编辑 ✓：用于确定对文字的操作。

从文本创建 3D 3D：用于从文本图层创建 3D 对象。

选择"直排文字"工具 IT，可以在图像中创建垂直文本。创建直排文字工具属性栏和创建横排文本工具属性栏的功能基本相同，这里就不再赘述。

10.1.3　创建文字形状选区

"横排文字蒙版"工具 T：可以在图像中创建文本的选区。创建文本选区工具属性栏和创建文本工具属性栏的功能基本相同，这里就不再赘述。

"直排文字蒙版"工具 IT：可以在图像中创建垂直文本的选区。创建直排文本选区工具属性栏和创建文本工具属性栏的功能基本相同，这里就不再赘述。

10.1.4　字符设置

"字符"控制面板用于编辑文本字符。

选择"窗口 > 字符"命令，弹出"字符"控制面板，如图 10-36 所示。

图 10-36

字体 Adobe 黑体 Std：单击选项右侧的 ∨ 按钮，可在其下拉列表中选择字体。

字体大小 T 12 点：可以在选项的数值框中直接输入数值，也可以单击选项右侧的 ∨ 按钮，在其下拉列表中选择表示字体大小的数值。

设置行距 ⫶A (自动)：在选项的数值框中直接输入数值，或单击选项右侧的 ∨ 按钮，在其下拉列表中选择需要的行距数值，可以调整文本段落的行距，效果如图 10-37 所示。

数值为自动时的文字效果　　　数值为 40 时的文字效果　　　数值为 75 时的文字效果

图 10-37

设置两个字符间的字距微调 VA 0：在两个字符间插入光标，在选项的数值框中输入数值，或单击选项右侧的 ∨ 按钮，在其下拉列表中选择需要的字距数值。输入正值时，字符的间距加大；输入负值时，字符的间距缩小，效果如图 10-38 所示。

数值为 0 时的文字效果　　　数值为 200 时的文字效果　　　数值为 -200 时的文字效果

图 10-38

设置所选字符的字距调整 ： 在选项的数值框中直接输入数值，或单击选项右侧的 按
钮，在其下拉列表中选择字距数值，可以调整文本段落的字距。输入正值时，字距加大；输入负值时，
字距缩小，效果如图 10-39 所示。

数值为 0 时的效果　　　　　数值为 200 时的效果　　　　　数值为-200 时的效果

图 10-39

设置所选字符的比例间距 ： 在选项的下拉列表中选择百分比数值，可以对所选字符的
比例间距进行细微的调整，效果如图 10-40 所示。

数值为 0%时的文字效果　　　数值为 100%时的文字效果

图 10-40

垂直缩放 ： 在选项的数值框中直接输入数值，可以调整字符的高度，效果如图 10-41 所示。

数值为 100%时的文字效果　　数值为 130%时的文字效果　　数值为 180%时的文字效果

图 10-41

水平缩放 ： 在选项的数值框中输入数值，可以调整字符的宽度，效果如图 10-42 所示。

数值为 100%时的文字效果　　数值为 120%时的文字效果　　数值为 180%时的文字效果

图 10-42

设置基线偏移 A°│0 点│：选中字符，在选项的数值框中直接输入数值，可以调整字符上下移动。输入正值时，使水平字符上移，使直排字符右移；输入负值时，使水平字符下移，使直排字符左移，效果如图 10-43 所示。

选中字符　　　　　　数值为 20 时的文字效果　　　　数值为-20 时的文字效果

图 10-43

设置文本颜色 颜色：█：在图标上单击，弹出"选择文本颜色"对话框，在对话框中设置需要的颜色后，单击"确定"按钮，可改变文字的颜色。

设定字符形式 **T** *T* TT Tr T¹ T₁ T̲ T̶ ：从左到右依次为"仿粗体"按钮 **T**、"仿斜体"按钮 *T*、"全部大写字母"按钮 TT、"小型大写字母"按钮 Tr、"上标"按钮 T¹、"下标"按钮 T₁、"下划线"按钮 T̲ 和"删除线"按钮 T̶ 。单击不同的按钮，可得到不同的字符形式，效果如图 10-44 所示。

正常效果　　　　　仿粗体效果　　　　　仿斜体效果　　　　全部大写字母效果　　　小型大写字母效果

上标效果　　　　　　下标效果　　　　　　下划线效果　　　　　删除线效果

图 10-44

语言设置 美国英语 ⌄ ：单击选项右侧的 ⌄ 按钮，可在其下拉列表中选择需要的字典。选择字典主要用于拼写检查和连字的设定。

设置消除锯齿的方法 ªa 锐利 ⌄ ：有无、锐利、犀利、浑厚和平滑 5 种消除锯齿的方法。

10.1.5　输入段落文字

建立段落文字图层就是以段落文字框的方式建立文字图层。

选择"横排文字"工具 T.，将鼠标光标移动到图像窗口中，光标变为 I 图标拖曳鼠标，在图像窗口中创建一个段落定界框，如图 10-45 所示。插入点显示在定界框的左上角，段落定界框具有自动换行功能，如果输入的文字较多，则当文字遇到定界框时，会自动换到下一行显示，输入文字，效果如图 10-46 所示。

如果输入的文字需要分段落，可以按 Enter 键进行操作，还可以对定界框进行旋转、拉伸等操作。

图 10-45　　　　　　　　图 10-46

10.1.6　段落设置

"段落"控制面板用于编辑文本段落。选择"窗口 > 段落"命令，弹出"段落"控制面板，如图 10-47 所示。

▉▉▉：用于调整文本段落中每行的对齐方式，包括左对齐、中间对齐、右对齐。

▉▉▉：用于调整段落的对齐方式，包括段落最后一行左对齐、段落最后一行中间对齐、段落最后一行右对齐。

全部对齐▉：用于设置整个段落中的行两端对齐。

左缩进▉：在选项的数值框中输入数值可以设置段落左端的缩进量。

右缩进▉：在选项的数值框中输入数值可以设置段落右端的缩进量。

首行缩进▉：在选项的数值框中输入数值可以设置段落第一行的左端缩进量。

段前添加空格▉：在选项的数值框中输入数值可以设置当前段落与前一段落的距离。

段后添加空格▉：在选项的数值框中输入数值可以设置当前段落与后一段落的距离。

避头尾法则设置、间距组合设置：用于设置段落的样式。

连字：用于确定文字是否与连字符连接。

图 10-47

10.1.7　栅格化文字

"图层"控制面板如图 10-48 所示。选择"文字 > 栅格化文字图层"命令，可以将文字图层转换为图像图层，如图 10-49 所示。也可用鼠标右键单击文字图层，在弹出的菜单中选择"栅格化文字"命令。

图 10-48　　　　　　　　图 10-49

10.1.8　载入文字的选区

按住 Ctrl 键的同时，单击文字图层的缩览图，即可载入文字选区。

10.2　创建变形文字与路径文字

在 Photoshop 中可以应用创建变形文字与路径文字命令制作出多样的文字效果。

10.2.1　课堂案例——制作音乐宣传卡

【案例学习目标】学习使用文字工具添加宣传单文字。

【案例知识要点】使用横排文字工具和字符面板输入文字，使用文字变形命令制作变形文字，使用图层样式为文字添加特殊效果，最终效果如图 10-50 所示。

【效果所在位置】Ch10\效果\制作音乐宣传卡.psd。

图 10-50

（1）按 Ctrl+O 组合键，打开本书学习资源中的"Ch10 > 素材 > 制作音乐宣传卡 > 01"文件，如图 10-51 所示。将前景色设为白色。选择"横排文字"工具 T，在图像窗口中输入需要的文字并选取文字，在属性栏中选择合适的字体并设置大小，效果如图 10-52 所示。在"图层"控制面板中生成新的文字图层。

图 10-51　　　　　　　　　　　　　图 10-52

（2）单击"图层"控制面板下方的"添加图层样式"按钮 fx，在弹出的菜单中选择"描边"命令，弹出对话框，将"描边颜色"设为白色，其他选项的设置如图 10-53 所示。选择"内发光"选项，弹出相应的对话框，将"发光颜色"设为深红色（其 R、G、B 的值分别为 207、11、101），其他选项的设置如图 10-54 所示。

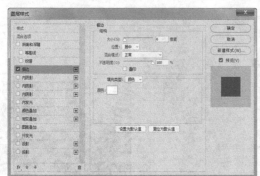
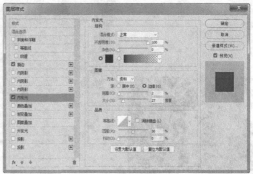

图 10-53　　　　　　　　　　　　　图 10-54

（3）选择"外发光"选项，弹出相应的对话框，将"发光颜色"设为深红色（其 R、G、B 的值分别为 207、11、101），其他选项的设置如图 10-55 所示。单击"确定"按钮，效果如图 10-56 所示。

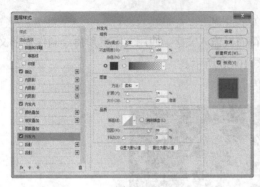 

图 10-55   图 10-56

（4）选择"文字 > 文字变形"命令，在弹出的"变形文字"对话框中进行设置，如图 10-57 所示。单击"确定"按钮，文字效果如图 10-58 所示。

（5）选择"横排文字"工具 T，在图像窗口中输入需要的文字并选取文字，在属性栏中选择合适的字体并设置大小，效果如图 10-59 所示。在"图层"控制面板中生成新的文字图层。

图 10-57   图 10-58   图 10-59

（6）按 Ctrl+T 组合键，在文字的周围出现变换框，将鼠标光标放在变换框的控制手柄外边，光标变为旋转图标，拖曳鼠标将文字旋转到适当的角度，并将其拖曳到适当的位置，按 Enter 键确认操作，效果如图 10-60 所示。

（7）单击"图层"控制面板下方的"添加图层样式"按钮 fx，在弹出的菜单中选择"外发光"选项，弹出相应的对话框，将"发光颜色"设为深红色（其 R、G、B 的值分别为 226、66、139），其他选项的设置如图 10-61 所示。单击"确定"按钮，效果如图 10-62 所示。

 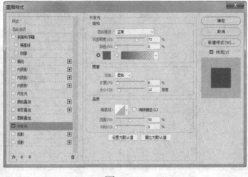 

图 10-60   图 10-61   图 10-62

（8）选择"文字 > 文字变形"命令，在弹出的"变形文字"对话框中进行设置，如图 10-63 所示。单击"确定"按钮，文字效果如图 10-64 所示。

图 10-63　　　　　　　　　　　　　　　图 10-64

（9）选择"椭圆"工具 ⊙ ，在属性栏中的"选择工具模式"选项中选择"形状"，将"填充"选项设为无，"描边"选项设为白色，"描边粗细"选项设为 11 像素，按住 Shift 键的同时，在图像窗口中拖曳鼠标绘制圆形，效果如图 10-65 所示。在"图层"控制面板中生成新的图层"椭圆 1"。

（10）单击"图层"控制面板下方的"添加图层样式"按钮 fx ，在弹出的菜单中选择"外发光"选项，弹出相应的对话框，将"发光颜色"设为深红色（其 R、G、B 的值分别为 236、59、140），其他选项的设置如图 10-66 所示。单击"确定"按钮，效果如图 10-67 所示。

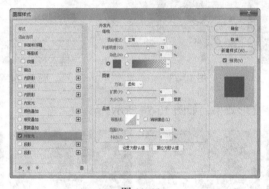

图 10-65　　　　　　　　　　图 10-66　　　　　　　　　　图 10-67

（11）在"图层"控制面板中，将"椭圆 1"图层拖曳到"番茄 音乐节"图层的下方，效果如图 10-68 所示。

（12）将前景色设为黄色（其 R、G、B 的值分别为 228、205、48）。在"图层"控制面板中选中"party night"图层。选择"横排文字"工具 T ，在图像窗口中输入需要的文字并选取文字，在属性栏中选择合适的字体并设置大小，效果如图 10-69 所示。在"图层"控制面板中生成新的文字图层。音乐宣传卡制作完成，效果如图 10-70 所示。

图 10-68　　　　　　　　图 10-69　　　　　　　　　　图 10-70

10.2.2　变形文字

变形文字命令可以对文字进行多种样式的变形，如扇形、旗帜、波浪、膨胀、扭转等。

1. 制作扭曲变形文字

打开一张图像。选择"横排文字"工具 T，在属性栏中设置文字的属性，如图 10-71 所示。将鼠标光标移动到图像窗口中，光标变成 I 图标。在图像窗口中单击，此时出现一个文字插入点，输入需要的文字，效果如图 10-72 所示。在"图层"控制面板中生成新的文字图层，并为该图层添加投影样式，如图 10-73 所示。

单击属性栏中的"创建文字变形"按钮 T，弹出"变形文字"对话框，如图 10-74 所示，其中"样式"选项中有 15 种文字变形效果，如图 10-75 所示。

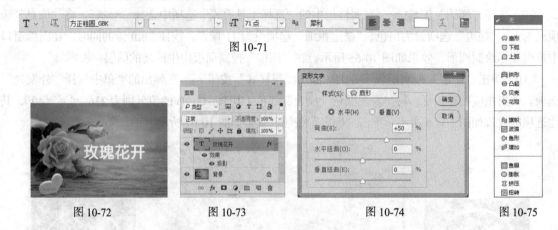

图 10-71

图 10-72　　　　图 10-73　　　　图 10-74　　　　图 10-75

应用各样式得到的文字变形效果，如图 10-76 所示。

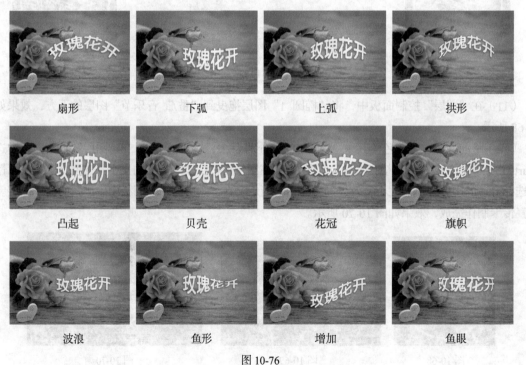

扇形　　　　　下弧　　　　　上弧　　　　　拱形

凸起　　　　　贝壳　　　　　花冠　　　　　旗帜

波浪　　　　　鱼形　　　　　增加　　　　　鱼眼

图 10-76

| 膨胀 | 挤压 | 扭转 |

图 10-76（续）

2．设置变形选项

如果要修改文字的变形效果，可以调出"变形文字"对话框，在对话框中重新设置样式或更改当前应用样式的数值。

3．取消文字变形效果

如果要取消文字的变形效果，可以调出"变形文字"对话框，在"样式"选项的下拉列表中选择"无"选项。

10.2.3 路径文字

在 Photoshop 中可以将文字建立在路径上，并应用路径对文字进行调整。

1．在路径上创建文字

选择"钢笔"工具 ，在图像中绘制一条路径，如图 10-77 所示。选择"横排文字"工具 ，将鼠标光标放在路径上，光标变为 图标，如图 10-78 所示。单击鼠标左键，在路径上出现闪烁的光标，此处为输入文字的起始点。输入的文字会沿着路径的形状进行排列，效果如图 10-79 所示。

| 图 10-77 | 图 10-78 | 图 10-79 |

文字输入完成后，在"路径"控制面板中会自动生成文字路径层，如图 10-80 所示。取消"视图 > 显示额外内容"命令的选中状态，可以隐藏文字路径，如图 10-81 所示。

| 图 10-80 | 图 10-81 |

> **提示** "路径"控制面板中的文字路径层与"图层"控制面板中相对的文字图层是相链接的，删除文字图层时，文字的路径层会自动被删除，删除其他工作路径不会对文字的排列有影响。如果要修改文字的排列形状，需要对文字路径进行修改。

2. 在路径上移动文字

选择"路径选择"工具，将鼠标光标放置在文字上，光标显示为图标，如图 10-82 所示。单击并沿着路径拖曳鼠标，可以移动文字，效果如图 10-83 所示。

图 10-82　　　　　　　　　　　　图 10-83

3. 在路径上翻转文字

选择"路径选择"工具，将鼠标光标放置在文字上，光标显示为图标，如图 10-84 所示。将文字向路径内部拖曳，可以沿路径翻转文字，效果如图 10-85 所示。

图 10-84　　　　　　　　　　　　图 10-85

4. 修改绕排形态

选择"直接选择"工具，在路径上单击，路径上显示出控制手柄，拖曳控制手柄修改路径的形状，如图 10-86 所示，文字会按照修改后的路径进行排列，效果如图 10-87 所示。

图 10-86　　　　　　　　　　　　图 10-87

课堂练习——制作促销贴

【练习知识要点】使用横排文字工具输入文字，使用创建文字变形命令制作文字变形效果，使用钢笔工具和文字工具制作路径文字，最终效果如图 10-88 所示。

【效果所在位置】Ch10\效果\制作促销贴.psd。

图 10-88

课后习题——制作摄影书籍封面

【习题知识要点】使用曲线命令调整图片颜色，使用矩形选框工具、图层蒙版命令为图片添加蒙版效果，使用描边命令添加描边效果，使用横排文字工具、字符面板输入并编辑文字，最终效果如图 10-89 所示。

【效果所在位置】Ch10\效果\制作摄影书籍封面.psd。

图 10-89

第**11**章 通道与蒙版

本章介绍

本章主要介绍 Photoshop 中通道与蒙版的使用方法。通过学习本章内容，读者要掌握通道的基本操作和运算方法，以及各种蒙版的创建和使用技巧，从而快速、准确地创作出精美的图像。

学习目标

- 了解通道、运算和蒙版的使用方法。
- 熟练掌握图层蒙版的使用技巧。
- 掌握剪贴蒙版和矢量蒙版的创建方法。

技能目标

- 熟练掌握"照片特效"的制作方法。
- 熟练掌握"清冷照片"的制作方法。
- 熟练掌握"调整图像色调"的制作方法。
- 熟练掌握"哈密城堡"的制作方法。
- 熟练掌握"APP 购物广告"的制作方法。

11.1　通道的操作

应用通道控制面板可以对通道进行创建、复制、删除、分离、合并等操作。

11.1.1　课堂案例——制作照片特效

【案例学习目标】学习使用通道面板抠出人物。

【案例知识要点】使用通道控制面板、反相命令和色阶命令抠出人物头发，使用渐变叠加图层样式调整人物颜色，使用矩形选框工具、定义图案命令和图案填充调整层制作纹理，使用渐变工具、图层混合模式和高斯模糊滤镜命令制作彩色，使用横排文字工具添加文字，最终效果如图 11-1 所示。

【效果所在位置】Ch11\效果\制作照片特效.psd。

图 11-1

（1）按 Ctrl+O 组合键，打开本书学习资源中的"Ch11 > 素材 > 制作照片特效 > 01"文件，如图 11-2 所示。选择"窗口 > 通道"命令，弹出"通道"控制面板，如图 11-3 所示。选中"绿"通道，将其拖曳到控制面板下方的"创建新通道"按钮 上，复制通道，如图 11-4 所示，图像效果如图 11-5 所示。

图 11-2

图 11-3

图 11-4

图 11-5

（2）按 Ctrl+I 组合键，反相图像，效果如图 11-6 所示。选择"图像 > 调整 > 色阶"命令，在弹出的"色阶"对话框中进行设置，如图 11-7 所示。单击"确定"按钮，效果如图 11-8 所示。将前景色设为黑色，在图像窗口中绘制背景，效果如图 11-9 所示。

图 11-6

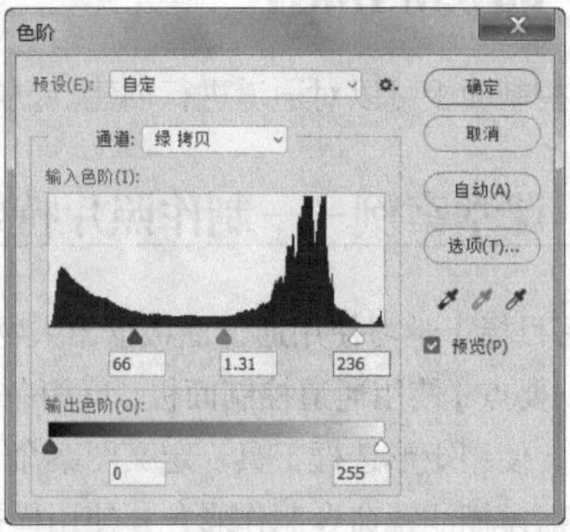

图 11-7

图 11-8

图 11-9

（3）单击"通道"面板下方的"将通道作为选区载入"按钮 ，将高光区域生成选区，如图 11-10 所示。选中"RGB"通道，图像效果如图 11-11 所示。

图 11-10

图 11-11

（4）按 Ctrl+J 组合键，将选区中的图像复制到新图层。在"图层"控制面板中生成新图层并将其命名为"头发"，如图 11-12 所示。在"图层"控制面板中单击"头发"左侧的眼睛图标 👁，将"头发"图层隐藏，如图 11-13 所示。单击"背景"图层，将其选中，如图 11-14 所示。

图 11-12

图 11-13

图 11-14

（5）选择"钢笔"工具 ，在属性栏中的"选择工具模式"选项中选择"路径"，在图像窗口中沿着人物轮廓拖曳鼠标绘制路径，如图 11-15 所示。选择"路径选择"工具，在图像窗口中选中需要的路径，如图 11-16 所示。

图 11-15　　　　　　　　　　　　　　图 11-16

（6）在属性栏中单击"路径操作"选项，在弹出的面板中选择"合并形状"选项，如图 11-17 所示。按 Ctrl+Enter 组合键，将路径转换为选区，效果如图 11-18 所示。

图 11-17　　　　　　　　　　　图 11-18

（7）按 Ctrl+J 组合键，复制选区中的图像。在"图层"控制面板中生成新图层并将其命名为"实体"，如图 11-19 所示。

（8）按住 Ctrl 键的同时，单击"图层"控制面板下方的"创建新图层"按钮 ，在"实体"图层的下方生成新的图层并将其命名为"白底"。将前景色设为白色，按 Alt+Delete 组合键，用前景色填充图层，效果如图 11-20 所示。在"图层"控制面板中，选中"头发"图层并将其显示，效果如图 11-21 所示。

图 11-19　　　　　　　　图 11-20　　　　　　　　图 11-21

（9）按 Ctrl+Alt+E 组合键，将"头发"图层中的图像盖印到下一图层中，效果如图 11-22 所示。按 Ctrl+E 组合键，向下合并图层。

（10）按 Ctrl + N 组合键，新建一个文件，宽度为 0.11cm，高度为 0.11cm，分辨率为 72 像素/英寸，颜色模式为 RGB，背景内容为白色，单击"确定"按钮。双击"背景"图层，弹出"新建图层"对话框，单击"确定"按钮，将"背景"图层转换为普通层，如图 11-23 所示。

（11）按 Ctrl+A 组合键，将图像全部选中，如图 11-24 所示。按 Delete 键，删除选区中的图像，按 Ctrl+D 组合键，取消选区，效果如图 11-25 所示。

| 图 11-22 | 图 11-23 | 图 11-24 | 图 11-25 |

（12）选择"矩形选框"工具 ▣，按住 Shift 键的同时，在适当的位置绘制正方形选区，如图 11-26 所示。单击属性栏中的"添加到选区"按钮 ▣，再次绘制两个选区，如图 11-27 所示。

（13）将前景色设为黑色，按 Alt+Delete 组合键，用前景色填充选区。按 Ctrl+D 组合键，取消选区后，效果如图 11-28 所示。选择"编辑 > 定义图案"命令，在弹出的对话框中进行设置，如图 11-29 所示。单击"确定"按钮，定义图案。

| 图 11-26 | 图 11-27 | 图 11-28 | 图 11-29 |

（14）回到"01"图像窗口中。在"图层"控制面板中选中"白底"图层，单击"图层"控制面板下方的"创建新的填充或调整图层"按钮 ●，在弹出的菜单中选择"图案填充"命令，在"图层"控制面板中生成"图案填充 1"图层，同时弹出"图案填充"对话框，单击左侧的图案选项，弹出图案选择面板，选择刚定义的图案。对话框中选项的设置如图 11-30 所示，单击"确定"按钮，效果如图 11-31 所示。

（15）在"图层"控制面板上方，将该图层的"不透明度"选项设为 32%。按 Enter 键确认操作，效果如图 11-32 所示。

| 图 11-30 | 图 11-31 | 图 11-32 |

（16）在"图层"控制面板中选中"实体"图层，单击"图层"控制面板下方的"添加图层样式"

按钮 fx，在弹出的菜单中选择"渐变叠加"命令，弹出对话框，单击"渐变"选项右侧的 按钮，弹出预设面板，选择需要的渐变预设，如图 11-33 所示，其他选项的设置如图 11-34 所示。单击"确定"按钮，完成图层样式的添加。

（17）新建图层并将其命名为"彩色"。选择"渐变"工具 ，单击属性栏中的"点按可编辑渐变"按钮 ，弹出"渐变编辑器"对话框，在"预设"选项中选择需要的渐变预设，如图 11-35 所示，单击"确定"按钮。

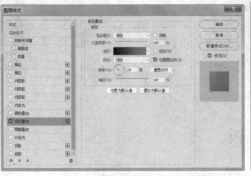

图 11-33　　　　　　　　　　　图 11-34　　　　　　　　　　　图 11-35

（18）在图像窗口中从左上方向右下方拖曳渐变色，图像效果如图 11-36 所示。在"图层"控制面板上方，将该图层的混合模式选项设为"颜色"，"不透明度"选项设为 58%，如图 11-37 所示，图像效果如图 11-38 所示。

图 11-36　　　　　　　　　　　图 11-37　　　　　　　　　　　图 11-38

（19）单击"图层"控制面板下方的"添加蒙版"按钮 ，为图层添加蒙版，如图 11-39 所示。将前景色设为黑色。选择"画笔"工具 ，在属性栏中单击"画笔"选项，弹出画笔选择面板，设置如图 11-40 所示。在图像窗口中拖曳鼠标擦除不需要的图像，效果如图 11-41 所示。

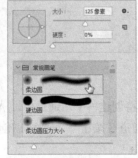

图 11-39　　　　　　　　　　　图 11-40　　　　　　　　　　　图 11-41

（20）将前景色设为褐色（其 R、G、B 的值分别为 152、92、102）。选择"横排文本"工具 T，在图像窗口中输入需要的文字并选取文字，在属性栏中选择合适的字体并设置大小，如图 11-42 所示。在"图层"控制面板中生成新的文字图层。照片特效制作完成，效果如图 11-43 所示。

图 11-42 　　　　　　　　　　　　　图 11-43

11.1.2　通道控制面板

通道控制面板可以管理所有的通道并对通道进行编辑。

选择"窗口 > 通道"命令，弹出"通道"控制面板，如图 11-44 所示。在控制面板中，放置区用于存放当前图像中存在的所有通道。在通道放置区中，如果选中的只是其中的一个通道，则只有这个通道处于选中状态，通道上将出现一个蓝色条。如果想选中多个通道，可以按住 Shift 键，再单击其他通道。通道左侧的眼睛图标 用于显示或隐藏颜色通道。

图 11-44

在"通道"控制面板的底部有 4 个工具按钮，如图 11-45 所示。

将通道作为选区载入 ：用于将通道作为选择区域调出。

将选区存储为通道 ：用于将选择区域存入通道中。

创建新通道 ：用于创建或复制新的通道。

删除当前通道 ：用于删除图像中的通道。

图 11-45

11.1.3　创建新通道

在编辑图像的过程中，可以建立新的通道。

单击"通道"控制面板右上方的 图标，弹出其面板菜单，选择"新建通道"命令，弹出"新建通道"对话框，如图 11-46 所示。

名称：用于设置新通道的名称。

色彩指示：用于选择保护区域。

颜色：用于设置新通道的颜色。

不透明度：用于设置新通道的不透明度。

单击"确定"按钮，"通道"控制面板中将创建一个新通道，即 Alpha 1，面板如图 11-47 所示。

单击"通道"控制面板下方的"创建新通道"按钮 ，也可以创建一个新通道。

图 11-46

图 11-47

11.1.4　复制通道

复制通道命令用于将现有的通道进行复制，产生相同属性的多个通道。

单击"通道"控制面板右上方的 ≡ 图标，弹出其面板菜单，选择"复制通道"命令，弹出"复制通道"对话框，如图 11-48 所示。

图 11-48

为：用于设置复制出的新通道的名称。

文档：用于设置复制通道的文件来源。

将需要复制的通道拖曳到控制面板下方的"创建新通道"按钮 上，即可将所选的通道复制为一个新的通道。

11.1.5　删除通道

单击"通道"控制面板右上方的 ≡ 图标，弹出其面板菜单，选择"删除通道"命令，即可将通道删除。

单击"通道"控制面板下方的"删除当前通道"按钮 ，弹出提示对话框，如图 11-49 所示，单击"是"按钮，可将通道删除。也可将需要删除的通道直接拖曳到"删除当前通道"按钮 上进行删除。

图 11-49

11.1.6　通道选项

单击"通道"控制面板右上方的 ≡ 图标，弹出其面板菜单，在弹出的菜单中选择"通道选项"命令，弹出"通道选项"对话框，如图 11-50 所示。

名称：用于命名通道的名称。

被蒙版区域：表示蒙版区为深色显示，非蒙版区为透明显示。

所选区域：表示蒙版区为透明显示，非蒙版区为深色显示。

专色：表示以专色显示。

颜色：用于设定填充蒙版的颜色。

不透明度：用于设定蒙版的不透明度。

图 11-50

11.1.7 课堂案例——制作清冷照片

【案例学习目标】学习使用分离通道和合并通道命令制作照片特效。

【案例知识要点】使用分离通道和合并通道命令制作图像效果，使用曝光度命令和色阶命令调整图片颜色，使用彩色半调滤镜命令为图片添加特效，最终效果如图 11-51 所示。

【效果所在位置】Ch11\效果\制作清冷照片.psd。

图 11-51

（1）按 Ctrl + O 组合键，打开本书学习资源中的"Ch11 > 素材 > 制作清冷照片 > 01"文件，如图 11-52 所示。选择"窗口 > 通道"命令，弹出"通道"控制面板，如图 11-53 所示。

（2）单击"通道"控制面板右上方的 ≣ 图标，在弹出的菜单中选择"分离通道"命令，将图像分离成"红""绿""蓝"3 个通道文件，如图 11-54 所示。

图 11-52 　　　　图 11-53 　　　　图 11-54

（3）选择"01.jpg_红"图像窗口，如图 11-55 所示。选择"图像 > 调整 > 曝光度"命令，在弹出的"曝光度"对话框中进行设置，如图 11-56 所示。单击"确定"按钮，效果如图 11-57 所示。

图 11-55 　　　　图 11-56 　　　　图 11-57

（4）选择"01.jpg_绿"图像窗口，如图 11-58 所示。选择"图像 > 调整 > 色阶"命令，在弹出

202

的"色阶"对话框中进行设置，如图 11-59 所示。单击"确定"按钮，效果如图 11-60 所示。

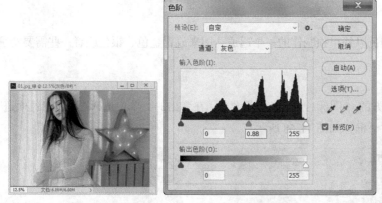

图 11-58　　　　　　　　　　图 11-59　　　　　　　　　　图 11-60

（5）选择"01.jpg_蓝"图像窗口，如图 11-61 所示。选择"滤镜 > 像素化 > 彩色半调"命令，在弹出的"彩色半调"对话框中进行设置，如图 11-62 所示。单击"确定"按钮，效果如图 11-63 所示。

图 11-61　　　　　　　　　　图 11-62　　　　　　　　　　图 11-63

（6）单击"通道"控制面板右上方的 ≡ 图标，在弹出的菜单中选择"合并通道"命令，在弹出的"合并通道"对话框中进行设置，如图 11-64 所示。单击"确定"按钮，弹出"合并 RGB 通道"对话框，如图 11-65 所示。单击"确定"按钮，合并通道，图像效果如图 11-66 所示。

图 11-64

（7）将前景色设为白色。选择"横排文字"工具 T.，在适当的位置输入需要的文字并选取文字，在属性栏中选择合适的字体并设置大小，效果如图 11-67 所示。在"图层"控制面板中生成新的文字图层。清冷照片制作完成。

图 11-65　　　　　　　　　　图 11-66　　　　　　　　　　图 11-67

11.1.8　专色通道

专色通道是指在 CMYK 四色以外单独制作的一个通道，用来放置金色、银色或者一些需要特别要求的专色。

1．新建专色通道

单击"通道"控制面板右上方的 ≡ 图标，弹出其面板菜单。在弹出的菜单中选择"新建专色通道"命令，弹出"新建专色通道"对话框，如图 11-68 所示。

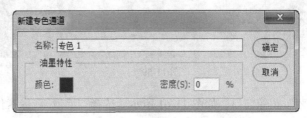

图 11-68

名称：用于输入新通道的名称。

颜色：用于选择特别的颜色。

密度：用于输入特别色的显示透明度，取值范围为 0%~100%。

2．制作专色通道

单击"通道"控制面板中新建的专色通道。选择"画笔"工具 ✐，在"画笔"控制面板中进行设置，如图 11-69 所示。在图像中进行绘制，效果如图 11-70 所示。"通道"控制面板中的效果如图 11-71 所示。

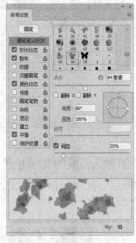

图 11-69　　　　　　　　　图 11-70　　　　　　　　　图 11-71

> **提示**　前景色为黑色，绘制时的专色是显示的。前景色是其他中间色，绘制时的专色是不同透明度的特别色。前景色为白色，绘制时的专色是隐藏的。

3. 将新通道转换为专色通道

单击"通道"控制面板中的"Alpha 1"通道，如图 11-72 所示。单击"通道"控制面板右上方的 ≡ 图标，弹出其面板菜单。在弹出的菜单中选择"通道选项"命令，弹出"通道选项"对话框，选中"专色"单选项，其他选项的设置如图 11-73 所示。单击"确定"按钮，将"Alpha 1"通道转换为专色通道，如图 11-74 所示。

图 11-72

图 11-73

图 11-74

4. 合并专色通道

单击"通道"控制面板中新建的专色通道，如图 11-75 所示。单击"通道"控制面板右上方的 ≡ 图标，弹出其面板菜单，在弹出的菜单中选择"合并专色通道"命令，可将专色通道合并，效果如图 11-76 所示。

图 11-75   图 11-76

11.1.9 分离与合并通道

单击"通道"控制面板右上方的 ≡ 图标，弹出其面板菜单，在弹出的菜单中选择"分离通道"命令，可将图像中的每个通道分离成各自独立的 8 bit 灰度图像。图像原始效果如图 11-77 所示，分离后的效果如图 11-78 所示。

图 11-77

图 11-78

单击"通道"控制面板右上方的 ≡ 图标，弹出其面板菜单，选择"合并通道"命令，弹出"合并通道"对话框，如图 11-79 所示。设置完成后单击"确定"按钮，弹出"合并 RGB 通道"对话框，如图 11-80 所示，可以在选定的色彩模式中为每个通道指定一幅灰度图像，被指定的图像可以是同一幅图像，也可以是不同的图像，但这些图像的大小必须是相同的。在合并之前，所有要合并的图像都必须是打开的，尺寸要保持一致，且为灰度图像，单击"确定"按钮，效果如图 11-81 所示。

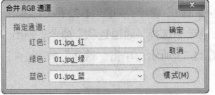

图 11-79　　　　　　　　　　　图 11-80　　　　　　　　　　　图 11-81

11.2　通道运算

通道运算可以按照各种合成方式合成单个或几个通道中的图像。通道运算的图像尺寸必须一致。

11.2.1　课堂案例——调整图像色调

【案例学习目标】学习使用分离通道和合并通道命令制作照片特效。

【案例知识要点】使用计算、应用图像命令调整图像色调，最终效果如图 11-82 所示。

【效果所在位置】Ch11\效果\调整图像色调.psd。

图 11-82

（1）按 Ctrl + O 组合键，打开本书学习资源中的"Ch11 > 素材 > 调整图像色调 > 01"文件，如图 11-83 所示。按 Ctrl+J 组合键，复制图层。

（2）按 Ctrl+L 组合键，弹出"色阶"对话框，选项的设置如图 11-84 所示。单击"确定"按钮，效果如图 11-85 所示。

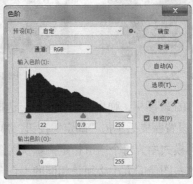

图 11-83　　　　　　　　　　　图 11-84　　　　　　　　　　　图 11-85

（3）选择"图像 > 计算"命令，弹出"计算"对话框，将混合模式选项设为"柔光"，其他选项的设置如图 11-86 所示。单击"确定"按钮，图像效果如图 11-87 所示。在"通道"控制面板中生成新的通道"Alpha1"，如图 11-88 所示。

图 11-86　　　　　　　　　　图 11-87　　　　　　　　　　图 11-88

（4）单击"RGB"通道，返回"图层"控制面板。选择"图像 > 应用图像"命令，在弹出的"应用图像"对话框中进行设置，如图 11-89 所示。单击"确定"按钮，效果如图 11-90 所示。

图 11-89　　　　　　　　　　　　　　图 11-90

（5）将前景色设为深棕色（其 R、G、B 的值分别为 55、15、9）。选择"横排文字"工具 T.，在适当的位置输入需要的文字并选取文字，在属性栏中选择合适的字体并设置大小，效果如图 11-91 所示。图像色调调整完成，效果如图 11-92 所示。

图 11-91　　　　　　　　　　　　　图 11-92

11.2.2　应用图像

选择"图像 > 应用图像"命令，弹出"应用图像"对话框，如图 11-93 所示。

源：用于选择源文件。

图层：用于选择源文件的层。

通道：用于选择源通道。

反相：用于在处理前先反转通道内的内容。

目标：能显示出目标文件的文件名、层、通道及色彩模式等信息。

混合：用于选择混色模式，即选择两个通道对应像素的计算方法。

不透明度：用于设定图像的不透明度。

蒙版：用于加入蒙版以限定选区。

图 11-93

提示　　"应用图像"命令要求源文件与目标文件的尺寸大小必须相同，因为参加计算的两个通道内的像素是一一对应的。

打开 05、06 图像。选择"图像 > 图像大小"命令，弹出"图像大小"对话框。分别将两张图像设置为相同的尺寸，设置好后，单击"确定"按钮，效果如图 11-94 和图 11-95 所示。

在 05、06 图像的"通道"控制面板中分别建立通道蒙版，其中黑色表示遮住的区域。返回到两张图像的 RGB 通道，效果如图 11-96 和图 11-97 所示。

图 11-94　　　　　图 11-95　　　　　图 11-96　　　　　图 11-97

选择"05"文件。选择"图像 > 应用图像"命令，弹出"应用图像"对话框，设置如图 11-98 所示。单击"确定"按钮，两幅图像混合后的效果如图 11-99 所示。

图 11-98　　　　　　　　　　　　图 11-99

在"应用图像"对话框中，勾选"蒙版"选项的复选框，弹出其他选项，如图 11-100 所示。设置好后，单击"确定"按钮，两幅图像混合后的效果如图 11-101 所示。

图 11-100　　　　　　　　　　图 11-101

11.2.3　运算

　　选择"图像 > 计算"命令，弹出"计算"对话框，如图 11-102 所示。

　　第 1 个选项组的"源 1"选项用于选择源文件 1，"图层"选项用于选择源文件 1 中的层，"通道"选项用于选择源文件 1 中的通道，"反相"选项用于反转。第 2 个选项组的"源 2""图层""通道"和"反相"选项用于选择源文件 2 的相应信息。第 3 个选项组的"混合"选项用于选择混色模式，"不透明度"选项用于设定不透明度。"结果"选项用于指定处理结果的存放位置。

图 11-102

　　选择"图像 > 计算"命令，弹出"计算"对话框，设置如图 11-103 所示。单击"确定"按钮，两张图像通道运算后的新通道效果如图 11-104 所示。

图 11-103　　　　　　　　　　图 11-104

提示　"计算"命令虽然与"应用图像"命令一样，都是对两个通道的相应内容进行计算处理，但是二者也有区别。用"应用图像"命令处理后的结果可作为源文件或目标文件使用；而用"计算"命令处理后的结果则存成一个通道，如存成 Alpha 通道，可转变为选区以供其他工具使用。

11.3 通道蒙版

在通道中可以快速地创建和存储蒙版，从而达到编辑图像的目的。

11.3.1 快速蒙版的制作

打开一张图片，如图 11-105 所示。选择"快速选择"工具，在面包片上拖曳鼠标生成选区，如图 11-106 所示。

图 11-105　　　　　　　　　　　图 11-106

单击工具箱下方的"以快速蒙版模式编辑"按钮，进入蒙版状态，选区暂时消失，图像中的未选择区域变为红色，如图 11-107 所示。"通道"控制面板中将自动生成快速蒙版，如图 11-108 所示，图像效果如图 11-109 所示。

图 11-107　　　　　　　图 11-108　　　　　　　图 11-109

> **提示**　系统预设蒙版颜色为半透明的红色。

选择"画笔"工具，在画笔工具属性栏中进行设置，如图 11-110 所示。将快速蒙版中卡通头像区域绘制成白色，图像效果和"通道"控制面板如图 11-111 和图 11-112 所示。

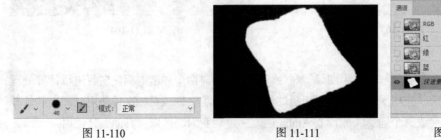

图 11-110　　　　　　　　图 11-111　　　　　　　图 11-112

11.3.2　在 Alpha 通道中存储蒙版

在图像中绘制选区，如图 11-113 所示。选择"选择 > 存储选区"命令，弹出"存储选区"对话框，设置如图 11-114 所示，单击"确定"按钮，建立通道蒙版"面包片"。或单击"通道"控制面板中的"将选区存储为通道"按钮，建立通道蒙版"面包片"，如图 11-115 和图 11-116 所示。

图 11-113

图 11-114

图 11-115

图 11-116

将图像保存，再次打开图像时，选择"选择 > 载入选区"命令，弹出"载入选区"对话框，设置如图 11-117 所示，单击"确定"按钮，将"面包片"通道的选区载入。或单击"通道"控制面板中的"将通道作为选区载入"按钮，将"面包片"通道作为选区载入，效果如图 11-118 所示。

图 11-117

图 11-118

11.4　图层蒙版

图层蒙版可以将图层中图像的某些部分处理成透明和半透明的效果，而且可以恢复已经处理过的图像，是 Photoshop 中的一种独特的图像处理方式。

11.4.1　课堂案例——制作哈密城堡

【案例学习目标】学习使用图层蒙版制作图片的遮罩效果。

【案例知识要点】使用渐变工具、图层混合模式选项制作图片合成效果，使用添加图层蒙版按钮、画笔工具制作局部遮罩效果，最终效果如图 11-119 所示。

【效果所在位置】Ch11\效果\制作哈密城堡.psd。

图 11-119

（1）按 Ctrl + N 组合键，新建一个文件，宽度为 29.7cm，高度为 21cm，分辨率为 300 像素/英寸，颜色模式为 RGB，背景内容为白色，单击"确定"按钮。

（2）按 Ctrl + O 组合键，打开本书学习资源中的"Ch11 > 素材 > 制作哈密城堡 > 01"文件。选择"移动"工具 ，将 01 图像拖曳到图像窗口中适当的位置，效果如图 11-120 所示。在"图层"控制面板中生成新的图层并将其命名为"天空"。

（3）新建图层并将其命名为"渐变条"。选择"渐变"工具 ，单击属性栏中的"点按可编辑渐变"按钮 ，弹出"渐变编辑器"对话框，在"位置"选项中分别输入 0、50、100 三个位置点，分别设置三个位置点颜色的 RGB 值为 0（15、89、101）、50（147、242、236）、100（148、97、75），如图 11-121 所示。按住 Shift 键的同时，在图像窗口中由上至下拖曳渐变色，效果如图 11-122 所示。

图 11-120

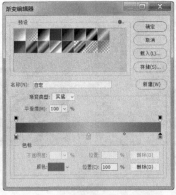

图 11-121

图 11-122

（4）在"图层"控制面板上方，将"渐变条"图层的混合模式选项设为"强光"，如图 11-123 所示，图像效果如图 11-124 所示。

（5）按 Ctrl + O 组合键，打开本书学习资源中的"Ch11 > 素材 > 制作哈密城堡 > 02"文件。选择"移动"工具 ，将图片拖曳到图像窗口中适当的位置，效果如图 11-125 所示。在"图层"控制面板中生成新图层并将其命名为"沙滩"。单击"图层"控制面板下方的"添加图层蒙版"按钮 ，为"沙滩"图层添加图层蒙版，如图 11-126 所示。

图 11-123　　　　　图 11-124　　　　　图 11-125　　　　　图 11-126

（6）将前景色设为黑色。选择"画笔"工具 ✎，在属性栏中单击"画笔"选项，在弹出的面板中选择需要的画笔形状，如图 11-127 所示，在属性栏中将"不透明度"选项设为 80%，在图像窗口中拖曳鼠标擦除不需要的图像，效果如图 11-128 所示。

（7）新建图层并将其命名为"渐变叠加"。选择"渐变"工具 ▣，单击属性栏中的"点按可编辑渐变"按钮 ▣▾，弹出"渐变编辑器"对话框，将渐变色设为黑色到透明色，在图像窗口中从下向上拖曳渐变色，松开鼠标左键，效果如图 11-129 所示。

图 11-127　　　　　　　图 11-128　　　　　　　图 11-129

（8）在"图层"控制面板上方，将"渐变叠加"图层的混合模式选项设为"叠加"，"不透明度"选项设为 50%，如图 11-130 所示，图像效果如图 11-131 所示。

（9）按 Ctrl + O 组合键，打开本书学习资源中的"Ch11 > 素材 > 制作哈密城堡 > 03、04"文件。选择"移动"工具 ✛，将图片分别拖曳到图像窗口中适当的位置，效果如图 11-132 所示。在"图层"控制面板中生成新的图层并分别将其命名为"图片"和"树木"。

图 11-130　　　　　　　图 11-131　　　　　　　图 11-132

（10）在"图层"控制面板上方，将"树木"图层的混合模式选项设为"正片叠底"，如图 11-133 所示，图像效果如图 11-134 所示。

（11）将前景色设为白色。选择"横排文字"工具 T，在适当的位置分别输入需要的文字并选取文字，在属性栏中分别选择合适的字体并设置大小，按 Alt+向左方向键，调整文字适当的间距，效果如图 11-135 所示。在"图层"控制面板中生成新的文字图层。哈密城堡制作完成，效果如图 11-136 所示。

图 11-133

图 11-134

图 11-135

图 11-136

11.4.2　添加图层蒙版

单击"图层"控制面板下方的"添加蒙版"按钮 ■，可以创建图层蒙版，如图 11-137 所示。按住 Alt 键的同时，单击"图层"控制面板下方的"添加蒙版"按钮 ■，可以创建一个遮盖全部图层的蒙版，如图 11-138 所示。

选择"图层 > 图层蒙版 > 显示全部"命令，显示全部图像。选择"图层 > 图层蒙版 > 隐藏全部"命令，可以隐藏全部图像。

图 11-137

图 11-138

11.4.3　隐藏图层蒙版

按住 Alt 键的同时，单击图层蒙版缩览图，图像窗口中的图像将被隐藏，只显示蒙版缩览图中的效果，如图 11-139 所示，"图层"控制面板如图 11-140 所示。按住 Alt 键的同时，再次单击图层蒙版缩览图，将恢复图像窗口中的图像效果。按住 Alt+Shift 组合键的同时，单击图层蒙版缩览图，将同时显示图像和图层蒙版的内容。

图 11-139

图 11-140

11.4.4　图层蒙版的链接

在"图层"控制面板中，图层缩览图与图层蒙版缩览图之间存在链接图标⅊，当图层图像与蒙版关联时，若移动图像，则蒙版会同步移动。单击链接图标⅊，将不显示此图标，可以分别对图像与蒙版进行操作。

11.4.5　应用及删除图层蒙版

在"通道"控制面板中，双击蒙版通道，弹出"图层蒙版显示选项"对话框，如图 11-141 所示，可以对蒙版的颜色和不透明度进行设置。

图 11-141

选择"图层 > 图层蒙版 > 停用"命令，或按住 Shift 键的同时，单击"图层"控制面板中的图层蒙版缩览图，图层蒙版被停用，如图 11-142 所示，这时图像将全部显示，如图 11-143 所示。按住 Shift 键的同时，再次单击图层蒙版缩览图，将恢复图层蒙版效果，效果如图 11-144 所示。

图 11-142

图 11-143

图 11-144

选择"图层 > 图层蒙版 > 删除"命令，或在图层蒙版缩览图上单击鼠标右键，在弹出的下拉菜单中选择"删除图层蒙版"命令，可以将图层蒙版删除。

11.5　剪贴蒙版与矢量蒙版

剪贴蒙版是使用某个图层的内容来遮盖其上方的图层，遮盖效果由基底图层决定。矢量蒙版是用矢量图形创建的蒙版。它们不仅丰富了蒙版的类型，同时也为设计工作带来了便利。

11.5.1　课堂案例——制作 APP 购物广告

【案例学习目标】学习使用剪贴蒙版制作主体照片。

【案例知识要点】使用高斯模糊命令模糊背景，使用钢笔工具和剪贴蒙版命令制作手机界面效果，使用矩形工具横排文字工具输入宣传文字和装饰，最终效果如图 11-145 所示。

【效果所在位置】Ch11\效果\制作 APP 购物广告.psd。

图 11-145

（1）按 Ctrl+O 组合键，打开本书学习资源中的"Ch11 > 素材 > 制作 APP 购物广告 > 01"文件，如图 11-146 所示。选择"滤镜 > 模糊 > 高斯模糊"命令，在弹出的"高斯模糊"对话框中进行设置，如图 11-147 所示。单击"确定"按钮，效果如图 11-148 所示。

图 11-146   图 11-147   图 11-148

（2）按 Ctrl+O 组合键，打开本书学习资源中的"Ch11 > 素材 > 制作 APP 购物广告 > 02"文件，如图 11-149 所示。选择"移动"工具，将 02 图像拖曳到 01 图像窗口中的适当位置，效果如图 11-150 所示。在"图层"控制面板中生成新的图层并将其命名为"手机"。

（3）将前景色设为白色。选择"钢笔"工具，在属性栏中的"选择工具模式"选项中选择"形状"，在图像窗口中沿着手机界面拖曳鼠标绘制形状，如图 11-151 所示。在"图层"控制面板中生成新的图层"形状 1"，如图 11-152 所示。

图 11-149   图 11-150   图 11-151   图 11-152

（4）按 Ctrl+O 组合键，打开本书学习资源中的"Ch11 > 素材 > 制作 APP 购物广告 > 03"文件，如图 11-153 所示。选择"移动"工具，将 03 图像拖曳到 01 图像窗口中的适当位置，效果如图 11-154

所示。在"图层"控制面板中生成新的图层并将其命名为"界面"。

（5）按 Alt+Ctrl+G 组合键，创建剪贴蒙版，效果如图 11-155 所示。将前景色设为粉色（其 R、G、B 的值分别为 232、72、142）。选择"横排文字"工具 T ，在适当的位置输入需要的文字并选取文字，在属性栏中选择合适的字体并设置大小，效果如图 11-156 所示。在"图层"控制面板中生成新的文字图层。

图 11-153

图 11-154

图 11-155

图 11-156

（6）选择"矩形"工具 ▢ ，在属性栏中的"选择工具模式"选项中选择"形状"，将"填充"选项设为无，"描边"选项设为粉色（其 R、G、B 的值分别为 232、72、142），"描边粗细"选项设为 6 像素，在图像窗口中绘制矩形，效果如图 11-157 所示。在"图层"控制面板中生成新的图层"矩形 1"。

（7）将前景色设为黑色。选择"横排文字"工具 T ，在适当的位置分别输入需要的文字并选取文字，在属性栏中分别选择合适的字体并分别设置大小，效果如图 11-158 所示。在"图层"控制面板中分别生成新的文字图层。APP 购物广告制作完成，效果如图 11-159 所示。

图 11-157

图 11-158

图 11-159

11.5.2　剪贴蒙版

打开一张图像，如图 11-160 所示，"图层"控制面板如图 11-161 所示。按住 Alt 键的同时，将鼠标光标放置到"人物"图层和"矩形"图层的中间位置，光标变为 ↓▢ 图标，如图 11-162 所示。

图 11-160

图 11-161

图 11-162

单击鼠标，创建剪贴蒙版，如图 11-163 所示，图像效果如图 11-164 所示。选择"移动"工具 ⊹，移动蒙版图像，效果如图 11-165 所示。

图 11-163

图 11-164

图 11-165

选中剪贴蒙版组中上方的图层，选择"图层 > 释放剪贴蒙版"命令，或按 Alt+Ctrl+G 组合键，即可删除剪贴蒙版。

11.5.3　矢量蒙版

打开一张图像，如图 11-166 所示。选择"自定形状"工具 ⚙，在属性栏的"选择工具模式"选项中选择"路径"选项，在形状选择面板中选择"叶子 3"图形，如图 11-167 所示。

图 11-166

图 11-167

在图像窗口中绘制路径，如图 11-168 所示。选中"图层 0"，选择"图层 > 矢量蒙版 > 当前路径"命令，为图片添加矢量蒙版，如图 11-169 所示，图像窗口效果如图 11-170 所示。选择"直接选择"工具 ▸，可以修改路径的形状，从而修改蒙版的遮罩区域，如图 11-171 所示。

图 11-168

图 11-169

图 11-170

图 11-171

课堂练习——制作合成特效

【练习知识要点】使用去色命令去除图片颜色，使用添加图层蒙版按钮、画笔工具、创建剪贴蒙版命令合成照片，使用照片滤镜命令、色相/饱和度命令调整照片色调，使用横排文字工具、字符控制面板添加文字，最终效果如图 11-172 所示。

【效果所在位置】Ch11\效果\制作合成特效.psd。

图 11-172

课后习题——更换背景效果

【习题知识要点】使用钢笔工具、通道面板、计算命令、图层控制面板和画笔工具抠出婚纱，使用移动工具添加背景和文字，最终效果如图 11-173 所示。

【效果所在位置】Ch11\效果\更换背景效果.psd。

图 11-173

第12章

滤镜效果

本章主要介绍 Photoshop 强大的滤镜功能，包括滤镜的分类、滤镜的重复使用以及滤镜的使用技巧。通过学习本章内容，读者可以学会应用丰富的滤镜命令制作出特殊多变的图像效果。

本章介绍

本章主要介绍 Photoshop 强大的滤镜功能，包括滤镜的分类、滤镜的重复使用以及滤镜的使用技巧。通过学习本章内容，读者可以学会应用丰富的滤镜命令制作出特殊多变的图像效果。

学习目标

● 了解滤镜菜单及应用方法。

● 掌握滤镜的使用技巧。

技能目标

● 熟练掌握"褶皱特效"的制作方法。

● 熟练掌握"漂浮的水果"的制作方法。

● 熟练掌握"拼贴效果"的制作方法。

● 熟练掌握"音乐广告"的制作方法。

12.1 滤镜菜单及应用

Photoshop CC 的滤镜菜单下提供了多种滤镜，选择这些滤镜命令，可以制作出奇妙的图像效果。单击"滤镜"菜单，弹出如图 12-1 所示的下拉菜单。

图 12-1

Photoshop CC 滤镜菜单被分为 5 部分，并用横线划分。

第 1 部分为最近一次使用的滤镜，没有使用滤镜时，此命令为灰色，不可选择。使用任意一种滤镜后，当需要重复使用这种滤镜时，只要直接选择这种滤镜或按 Alt+Ctrl+F 组合键，即可重复使用。

第 2 部分为转换为智能滤镜，智能滤镜可随时对效果进行修改操作。

第 3 部分为 6 种 Photoshop CC 滤镜，每个滤镜的功能都十分强大。

第 4 部分为 11 种 Photoshop CC 滤镜组，每个滤镜组都包含多个子滤镜。

第 5 部分为浏览联机滤镜。

12.1.1 滤镜库的功能

Photoshop CC 的滤镜库将常用滤镜组组合在一个面板中，以折叠菜单的方式显示，并为每一个滤镜提供了直观的效果预览，使用十分方便。

选择"滤镜 > 滤镜库"命令，弹出"滤镜库"对话框，如图 12-2 所示。

图 12-2

在对话框中，左侧为滤镜预览框，可以显示滤镜应用后的效果；中部为滤镜列表，每个滤镜组下面包含了多个特色滤镜，单击需要的滤镜组，可以浏览滤镜组中的各个滤镜和相应的滤镜效果；右侧为滤镜参数设置栏，可以设置所用滤镜的各个参数值。

1. 风格化滤镜组

风格化滤镜组只包含一个照亮边缘滤镜，如图 12-3 所示。此滤镜可以搜索主要颜色的变化区域并强化其过渡像素，从而产生轮廓发光的效果，应用滤镜前后的效果如图 12-4 和图 12-5 所示。

图 12-3 图 12-4 图 12-5

2. 画笔描边滤镜组

画笔描边滤镜组包含 8 个滤镜，如图 12-6 所示。此滤镜组对 CMYK 和 Lab 颜色模式的图像都不起作用。应用不同的滤镜制作出的效果如图 12-7 所示。

原图 成角的线条 墨水轮廓 喷溅

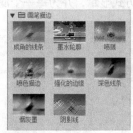

喷色描边 强化的边缘 深色线条 烟灰墨 阴影线

图 12-6 图 12-7

3. 扭曲滤镜组

扭曲滤镜组包含 3 个滤镜，如图 12-8 所示。此滤镜组可以生成一组从波纹到扭曲图像的变形效果。应用不同的滤镜制作出的效果如图 12-9 所示。

原图 玻璃 海洋波纹 扩散亮光

图 12-8 图 12-9

4. 素描滤镜组

素描滤镜组包含 14 个滤镜，如图 12-10 所示。此滤镜组只对 RGB 或灰度模式的图像起作用，可以制作出多种绘画效果。应用不同的滤镜制作出的效果如图 12-11 所示。

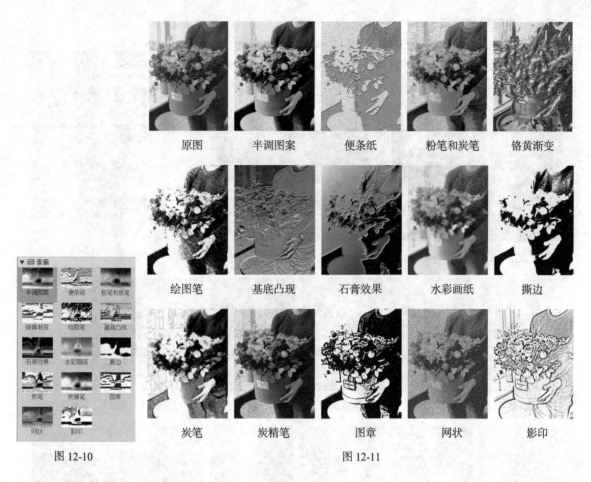

图 12-10

图 12-11

5. 纹理滤镜组

纹理滤镜组包含 6 个滤镜，如图 12-12 所示。此滤镜组可以使图像产生纹理效果。应用不同的滤镜制作出的效果如图 12-13 所示。

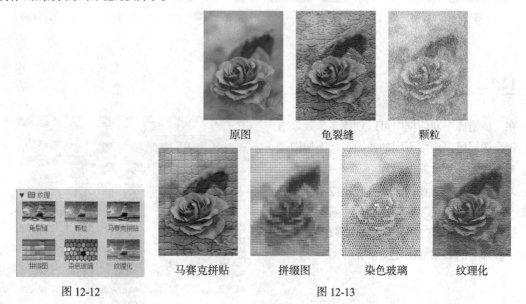

图 12-12

图 12-13

223

6．艺术效果滤镜组

艺术效果滤镜组包含 15 个滤镜，如图 12-14 所示。此滤镜组在 RGB 颜色模式和多通道颜色模式下才可用。应用不同的滤镜制作出的效果如图 12-15 所示。

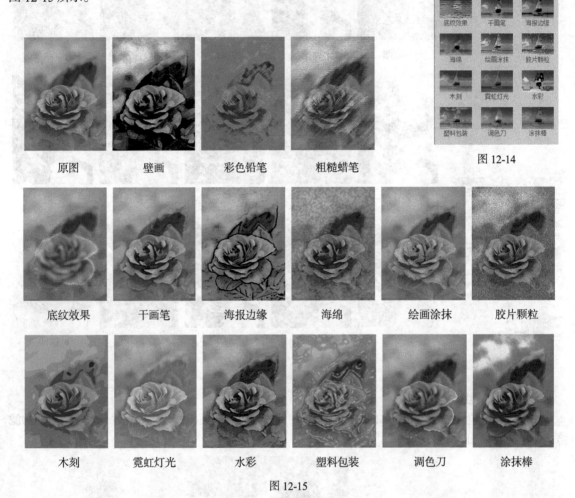

图 12-14

图 12-15

12.1.2　滤镜叠加

在"滤镜库"对话框中可以创建多个效果图层，每个图层可以应用不同的滤镜，从而使图像产生多个滤镜叠加后的效果。

为图像添加"喷溅"滤镜，如图 12-16 所示，单击"新建效果图层"按钮 ，生成新的效果图层，如图 12-17 所示。为图像添加"强化的边缘"滤镜，叠加后的效果如图 12-18 所示。

图 12-16

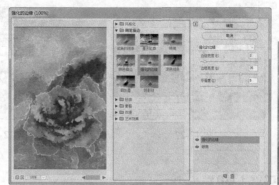

图 12-17　　　　　　　　　　　　　　　　　　　图 12-18

12.1.3　自适应广角

自适应广角滤镜是 Photoshop CC 中的一项新功能，可以利用它对具有广角、超广角及鱼眼效果的图片进行校正。

打开一张图片，如图 12-19 所示。选择"滤镜 > 自适应广角"命令，弹出对话框，如图 12-20 所示。

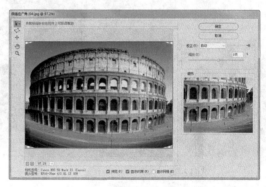

图 12-19　　　　　　　　　　　　　　　　　　　图 12-20

在对话框左侧图片上需要调整的位置拖曳一条直线，如图 12-21 所示。再将左侧第 2 个节点拖曳到适当的位置，旋转绘制的直线，如图 12-22 所示。单击"确定"按钮，照片调整后的效果如图 12-23 所示。用相同的方法调整上方的屋檐，效果如图 12-24 所示。

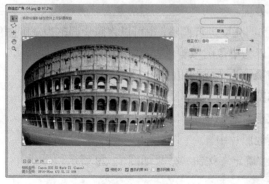

图 12-21　　　　　　　　　　　　　　　　　　　图 12-22

图 12-23　　　　　　　　　　　　图 12-24

12.1.4　Camera Raw 滤镜

Camera Raw 滤镜是 Photoshop CC 专门用于处理相机照片的命令，可以对图像的基本、色调曲线、细节、HSL/灰度、分离色调、镜头校正等进行调整。

打开一张图片，如图 12-25 所示。选择"滤镜 > Camera Raw 滤镜"命令，弹出对话框，如图 12-26 所示。

图 12-25　　　　　　　　　　　　图 12-26

在对话框左侧的上方是编辑照片的工具，中间为照片预览框，下方为窗口缩放级别和视图显示方式。右侧上方为直方图和拍摄信息，下方为 9 个照片编辑选项卡。

基本选项卡：可以对照片的白平衡、曝光、对比度、高光、阴影、清晰度和饱和度进行调整。

色调曲线选项卡：可以对照片的高光、亮调、暗调和阴影进行微调。

细节选项卡：可以对照片进行锐化、减少杂色处理。

HSL/灰度选项卡：可以对照片的色相、饱和度和明亮度进行调整，也可以将照片调整为灰度图像。

分离色调选项卡：可以为照片创建特效，也可以为单色图像着色。

镜头校正选项卡：可以校正镜头缺陷，补偿相机镜头造成的扭曲度、颜色和晕影。

效果选项卡：可以为照片添加颗粒和晕影制作特效。

相机校准选项卡：可以自动对某类照片进行校正。

预设选项卡：可以存储调整的预设以应用到其他照片中。

在对话框中进行设置，如图 12-27 所示，单击"确定"按钮，效果如图 12-28 所示。

图 12-27　　　　　　　　　　　　　　　　　　　　图 12-28

12.1.5　镜头校正

镜头校正滤镜可以修复常见的镜头瑕疵，如桶形失真、枕形失真、晕影和色差等，也可以使用该滤镜来旋转图像，或修复由于相机在垂直或水平方向上倾斜而导致的图像透视、错视现象。

打开一张图片，如图 12-29 所示。选择"滤镜 > 镜头校正"命令，在弹出的对话框中进行设置，如图 12-30 所示。

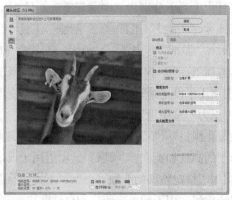

图 12-29　　　　　　　　　　　　　　　　图 12-30

单击"自定"选项卡，设置如图 12-31 所示。单击"确定"按钮，效果如图 12-32 所示。

图 12-31　　　　　　　　　　　　　图 12-32

12.1.6　液化滤镜

液化滤镜命令可以制作出各种类似液化的图像变形效果。

打开一张图片，如图 12-33 所示。选择"滤镜 > 液化"命令，或按 Shift+Ctrl+X 组合键，弹出"液化"对话框，如图 12-34 所示。

图 12-33　　　　　　　　　　　　　　　　　　图 12-34

左侧的工具由上到下分别为"向前变形"工具、"重建"工具、"平滑"工具，"顺时针旋转扭曲"工具、"褶皱"工具、"膨胀"工具、"左推"工具、"冻结蒙版"工具、"解冻蒙版"工具、"脸部"工具、"抓手"工具和"缩放"工具。

画笔工具选项组："大小"选项用于设定所选工具的笔触大小；"浓度"选项用于设定画笔的浓密度；"压力"选项用于设定画笔的压力，压力越小，变形的过程越慢；"速率"选项用于设定画笔的绘制速度；"光笔压力"选项用于设定压感笔的压力。

人脸识别液化组："眼睛"选项组用于设定眼睛的大小、高度、宽度、斜度和距离。"鼻子"选项组用于设定鼻子的高度和宽度。"嘴唇"选项组用于设定微笑、上嘴唇、下嘴唇、嘴唇的宽度和高度。"脸部"选项组用于设定脸部的前额、下巴、下颌和脸部宽度。

载入网格选项组：用于载入、使用和存储网格。

蒙版选项组：用于选择通道蒙版的形式。选择"无"按钮，可以不制作蒙版；选择"全部蒙住"按钮，可以为全部的区域制作蒙版；选择"全部反相"按钮，可以解冻蒙版区域并冻结剩余的区域。

视图选项组：勾选"显示图像"复选框，可以显示图像；勾选"显示网格"复选框，可以显示网格，"网格大小"选项用于设置网格的大小，"网格颜色"选项用于设置网格的颜色；勾选"显示蒙版"复选框，可以显示蒙版，"蒙版颜色"选项用于设置蒙版的颜色；勾选"显示背景"复选框，在"使用"选项的下拉列表中可以选择图层，在"模式"选项的下拉列表中可以选择不同的模式，"不透明度"选项可以设置不透明度。

画笔重建选项组："重建"按钮用于对变形的图像进行重置；"恢复全部"按钮用于将图像恢复到打开时的状态。

在对话框中对图像进行变形，如图 12-35 所示。单击"确定"按钮，效果如图 12-36 所示。

图 12-35　　　　　　　　　　　　　　　　　图 12-36

12.1.7　消失点滤镜

消失点滤镜可以制作建筑物或任何矩形对象的透视效果。

打开一张图片，绘制选区，如图 12-37 所示。按 Ctrl + C 组合键，复制选区中的图像，按 Ctrl+D 组合键，取消选区。选择"滤镜 > 消失点"命令，弹出对话框，在对话框的左侧选择"创建平面"工具囲，在图像窗口中单击定义 4 个角的节点，如图 12-38 所示，节点之间会自动连接为透视平面，如图 12-39 所示。

图 12-37　　　　　　　图 12-38　　　　　　　　　　　图 12-39

按 Ctrl + V 组合键，将刚才复制过的图像粘贴到对话框中，如图 12-40 所示。将粘贴的图像拖曳到透视平面中，如图 12-41 所示。按住 Alt 键的同时，复制并向上拖曳建筑物，如图 12-42 所示。用相同的方法，再复制 2 次建筑物，如图 12-43 所示。单击"确定"按钮，建筑物的透视变形效果如图 12-44 所示。

图 12-40　　　　　　　　　　　　　　　图 12-41

图 12-42

图 12-43

图 12-44

在"消失点"对话框中，透视平面显示为蓝色时为有效的平面；显示为红色时为无效的平面，无法计算平面的长宽比，也无法拉出垂直平面；显示为黄色时为无效的平面，无法解析平面的所有消失点，如图 12-45 所示。

蓝色透视平面

红色透视平面

黄色透视平面

图 12-45

12.1.8　3D 滤镜

3D 滤镜组可以生成效果更好的凹凸图和法线图。3D 滤镜子菜单如图 12-46 所示。应用不同的滤镜制作出的效果如图 12-47 所示。

原图

生成凹凸图

生成法线图

生成凹凸图...
生成法线图...

图 12-46

图 12-47

12.1.9　课堂案例——制作褶皱特效

【案例学习目标】学习使用滤镜命令下的风格化滤镜和模糊滤镜制作褶皱特效。

【案例知识要点】使用分层云彩滤镜命令、浮雕效果滤镜命令和高斯模糊滤镜命令制作背景效果，使用置换命令和图层的混合模式制作照片褶皱，最终效果如图 12-48 所示。

【效果所在位置】Ch12\效果\制作褶皱特效.psd。

图 12-48

（1）按 Ctrl+N 组合键，新建一个文件，宽度为 15 厘米，高度为 10 厘米，分辨率为 100 像素/英寸，颜色模式为 RGB，背景内容为白色，单击"确定"按钮。按 D 键，将前景色和背景色默认为黑白色。选择"滤镜 > 渲染 > 分层云彩"命令，图像的效果如图 12-49 所示。按 3 次 Alt+Ctrl+F 组合键，重复使用滤镜，效果如图 12-50 所示。

（2）选择"滤镜 > 风格化 > 浮雕效果"命令，在弹出的对话框中进行设置，如图 12-51 所示。单击"确定"按钮，效果如图 12-52 所示。

（3）选择"滤镜 > 模糊 > 高斯模糊"命令，在弹出的对话框中进行设置，如图 12-53 所示。单击"确定"按钮，效果如图 12-54 所示。

图 12-49　　　　　　　　　　图 12-50　　　　　　　　　　图 12-51

图 12-52　　　　　　　　　　图 12-53　　　　　　　　　　图 12-54

（4）按 Ctrl+S 组合键，弹出"另存为"对话框，在"文件名"文本框中输入"褶皱"，其选项的设置如图 12-55 所示，单击"保存"按钮保存文件。

（5）按 Ctrl+O 组合键，打开本书学习资源中的"Ch12 > 素材 > 制作褶皱特效 > 01"文件。选择"移动"工具，将 01 图像拖曳到图像窗口中适当的位置并调整其大小，效果如图 12-56 所示。在"图层"控制面板中生成新图层并将其命名为"图片"。

（6）选择"滤镜 > 扭曲 > 置换"命令，在弹出的"置换"对话框中进行设置，如图 12-57 所示。单击"确定"按钮，在弹出的"选取一个置换图"对话框中选择保存的"褶皱.psd"文件，单击"打开"按钮，效果如图 12-58 所示。

（7）在"图层"控制面板上方，将该图层的混合模式选项设为"强光"，如图 12-59 所示，图像效果如图 12-60 所示。褶皱特效制作完成。

图 12-55   图 12-56   图 12-57

图 12-58   图 12-59   图 12-60

12.1.10　风格化滤镜

风格化滤镜组可以产生印象派以及其他风格画派效果，是完全模拟真实艺术手法进行创作的。风格化滤镜子菜单如图 12-61 所示。应用不同的滤镜制作出的效果如图 12-62 所示。

图 12-61   原图   查找边缘   等高线   风

图 12-62

| 浮雕效果 | 扩散 | 拼贴 | 曝光过度 | 凸出 | 油画 |

图 12-62（续）

12.1.11　模糊滤镜

模糊滤镜组可以使图像中过于清晰或对比度强烈的区域产生模糊效果，也可以制作柔和阴影。模糊滤镜子菜单如图 12-63 所示。应用不同滤镜制作出的效果如图 12-64 所示。

| 原图 | 表面模糊 | 动感模糊 | 方框模糊 | 高斯模糊 | 进一步模糊 |
| 径向模糊 | 镜头模糊 | 模糊 | 平均 | 特殊模糊 | 形状模糊 |

图 12-63

图 12-64

12.1.12　模糊画廊滤镜

模糊画廊滤镜组可以使用图钉或路径来控制图像，制作模糊效果。模糊画廊滤镜子菜单如图 12-65 所示。应用不同滤镜制作出的效果如图 12-66 所示。

| 原图 | 场景模糊 | 光圈模糊 | 移轴模糊 | 路径模糊 | 旋转模糊 |

图 12-65

图 12-66

12.1.13 课堂案例——制作漂浮的水果

【案例学习目标】学习使用滤镜命令下的风格化滤镜和模糊滤镜制作褶皱特效。

【案例知识要点】使用图层蒙版、画笔工具和高斯模糊命令制作水果与海面的融合效果，使用波纹命令、亮度与对比度命令和画笔工具制作水果阴影，使用横排文字工具和字符面板添加需要的文字，最终效果如图 12-67 所示。

【效果所在位置】Ch12\效果\制作漂浮的水果.psd。

图 12-67

（1）按 Ctrl + O 组合键，打开本书学习资源中的"Ch12 > 素材 > 制作漂浮的水果 > 01、02"文件，如图 12-68 和图 12-69 所示。选择"移动"工具 ⊕，将 02 图像拖曳到 01 图像窗口中并调整其大小，效果如图 12-70 所示。在"图层"控制面板中生成新的图层并将其命名为"草莓"。

图 12-68　　　　　　　　　图 12-69　　　　　　　　　图 12-70

（2）单击"图层"控制面板下方的"添加图层蒙版"按钮 ▢，为"草莓"图层添加图层蒙版。将前景色设为黑色。选择"画笔"工具 ✎，在属性栏中单击"画笔"选项，在弹出的面板中选择需要的画笔形状，将"大小"选项设为 100 像素，如图 12-71 所示。在图像窗口中拖曳鼠标擦除不需要的图像，效果如图 12-72 所示。

（3）将"草莓"图层拖曳到"图层"控制面板下方的"创建新图层"按钮 ▢ 上进行复制，生成新的拷贝图层。选择"滤镜 > 模糊 > 高斯模糊"命令，在弹出的对话框中进行设置，如图 12-73 所示。单击"确定"按钮，效果如图 12-74 所示。

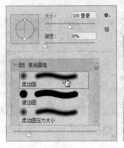

图 12-71　　　　　　　图 12-72　　　　　　　图 12-73　　　　　　　图 12-74

（4）单击"草莓 拷贝"图层的图层蒙版缩览图，如图 12-75 所示。选择"画笔"工具 ✐，在图像窗口中拖曳鼠标擦除不需要的图像，效果如图 12-76 所示。

（5）将"草莓"图层拖曳到"图层"控制面板下方的"创建新图层"按钮 ▣ 上进行复制，生成新的拷贝图层，如图 12-77 所示。按 Ctrl+T 组合键，在图像周围出现变换框，单击鼠标右键，在弹出的菜单中选择"垂直翻转"命令，垂直翻转图像，并拖曳到适当的位置。按 Enter 键确认操作，效果如图 12-78 所示。

图 12-75　　　　　　图 12-76　　　　　　图 12-77　　　　　　图 12-78

（6）选择"滤镜 > 扭曲 > 波纹"命令，在弹出的"波纹"对话框中进行设置，如图 12-79 所示。单击"确定"按钮，效果如图 12-80 所示。

（7）选择"图像 > 调整 > 亮度/对比度"命令，在弹出的"亮度/对比度"对话框中进行设置，如图 12-81 所示。单击"确定"按钮，效果如图 12-82 所示。

图 12-79　　　　　　图 12-80　　　　　　图 12-81　　　　　　图 12-82

（8）单击"草莓 拷贝 2"图层的图层蒙版缩览图。选择"画笔"工具 ✐，在属性栏中将"不透明度"和"流量"选项均设为 30%，在图像窗口中拖曳鼠标擦除不需要的图像，效果如图 12-83 所示。

（9）按 Ctrl + O 组合键，打开本书学习资源中的"Ch12 > 素材 > 制作漂浮的水果 > 03"文件。选择"移动"工具 ✛，将 03 图像拖曳到 01 图像窗口中并调整其大小，效果如图 12-84 所示。在"图层"控制面板中生成新图层并将其命名为"船"。

图 12-83　　　　　　　　图 12-84

（10）选择"横排文字"工具 T.，在适当的位置分别输入需要的文字并选取文字，在属性栏中分别选择合适的字体并设置大小，效果如图 12-85 所示。在"图层"控制面板中分别生成新的文字图层。

（11）选取"漂浮的果子"文字。按 Ctrl+T 组合键，在弹出的"字符"面板中进行设置，如图 12-86 所示。按 Enter 键确认操作，效果如图 12-87 所示。

（12）选取"FLOATING FRUIT"文字。按 Ctrl+T 组合键，在弹出的"字符"面板中进行设置，如图 12-88 所示。按 Enter 键确认操作，效果如图 12-89 所示。

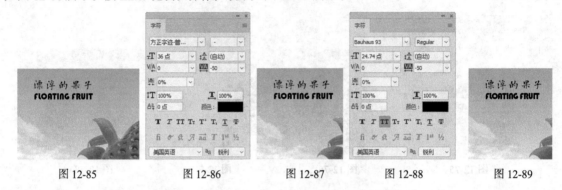

| 图 12-85 | 图 12-86 | 图 12-87 | 图 12-88 | 图 12-89 |

（13）在"漂浮的果子"图层上单击鼠标右键，在弹出的菜单中选择"栅格化图层"命令，栅格化图层，如图 12-90 所示。按 Ctrl+T 组合键，文字周围出现变换框，在变换框中单击鼠标右键，在弹出的菜单中选择"透视"命令，向内拖曳右上方的控制手柄，透视文字。按 Enter 键确认操作，效果如图 12-91 所示。漂浮的水果制作完成，效果如图 12-92 所示。

| 图 12-90 | 图 12-91 | 图 12-92 |

12.1.14　扭曲滤镜

扭曲滤镜组效果可以生成一组从波浪到置换图像的变形效果。扭曲滤镜子菜单如图 12-93 所示。应用不同滤镜制作出的效果如图 12-94 所示。

图 12-93　　　　原图　　　　波浪　　　　波纹　　　　极坐标　　　　挤压

图 12-94

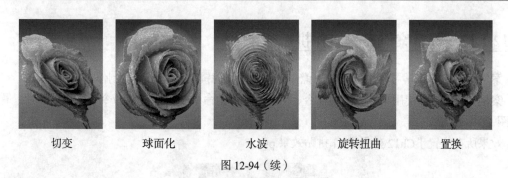

| 切变 | 球面化 | 水波 | 旋转扭曲 | 置换 |

图 12-94（续）

12.1.15 锐化滤镜

锐化滤镜组可以通过生成更大的对比度使图像清晰化，增强图像的轮廓，减少图像修改后产生的模糊效果。锐化滤镜子菜单如图 12-95 所示。应用不同滤镜制作出的效果如图 12-96 所示。

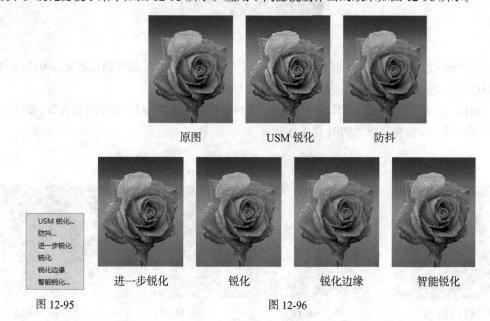

图 12-95

图 12-96

12.1.16 视频滤镜

视频滤镜组将以隔行扫描方式提取的图像转换为视频设备可接收的图像，以解决图像交换时产生的系统差异。视频滤镜子菜单如图 12-97 所示。应用不同滤镜制作出的效果如图 12-98 所示。

图 12-97

图 12-98

12.1.17　课堂案例——制作拼贴效果

【案例学习目标】学习使用像素化滤镜命令、风格化滤镜命令和滤镜库制作拼贴特效。

【案例知识要点】使用马赛克滤镜命令、粗糙蜡笔滤镜命令和拼贴滤镜命令制作拼贴照片，最终效果如图 12-99 所示。

【效果所在位置】Ch12\效果\制作拼贴效果.psd。

图 12-99

（1）按 Ctrl + O 组合键，打开本书学习资源中的"Ch12 > 素材 > 制作拼贴效果 > 01"文件，如图 12-100 所示。按 Ctrl+J 组合键，复制图层，如图 12-101 所示。

（2）选择"滤镜 > 像素化 > 马赛克"命令，在弹出的"马赛克"对话框中进行设置，如图 12-102 所示。单击"确定"按钮，效果如图 12-103 所示。

图 12-100　　　　　　图 12-101　　　　　　图 12-102　　　　　　图 12-103

（3）选择"滤镜 > 滤镜库"命令，在弹出的对话框中进行设置，如图 12-104 所示。单击"确定"按钮，效果如图 12-105 所示。

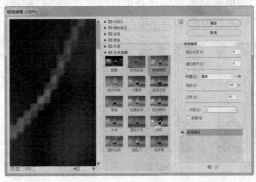

图 12-104　　　　　　　　　　图 12-105

（4）选择"滤镜 > 风格化 > 拼贴"命令，在弹出的"拼贴"对话框中进行设置，如图 12-106 所示。单击"确定"按钮，效果如图 12-107 所示。拼贴效果制作完成。

图 12-106　　　　　　　　　　　　　　　图 12-107

12.1.18　像素化滤镜

像素化滤镜组可以将图像分块或将图像平面化。像素化滤镜子菜单如图 12-108 所示。应用不同的滤镜制作出的效果如图 12-109 所示。

原图　　　　　彩块化　　　　　彩色半调　　　　　点状化

晶格化　　　　　马赛克　　　　　碎片　　　　　铜版雕刻

图 12-108　　　　　　　　　　　　图 12-109

12.1.19　渲染滤镜

渲染滤镜组可以在图片中产生不同的光源效果和夜景效果。渲染滤镜子菜单如图 12-110 所示。应用不同的滤镜制作出的效果如图 12-111 所示。

图 12-110　　　　　　　　　　　　　　　　　图 12-111

12.1.20　杂色滤镜

杂色滤镜组可以混合干扰制作出着色像素图案的纹理。杂色滤镜子菜单如图 12-112 所示。应用不同的滤镜制作出的效果如图 12-113 所示。

图 12-112　　　　　　　　　图 12-113

12.1.21 课堂案例——制作音乐广告

【案例学习目标】学习使用位移滤镜命令、曲线命令制作音乐广告。

【案例知识要点】使用位移滤镜命令移动人物的位置，使用曲线命令调整图像的明亮度，最终效果如图 12-114 所示。

【效果所在位置】Ch12\效果\制作音乐广告.psd。

图 12-114

（1）按 Ctrl + O 组合键，打开本书学习资源中的"Ch12 > 素材 > 制作音乐广告 > 01"文件，如图 12-115 所示。选择"滤镜 > 其他 > 位移"命令，在弹出的"位移"对话框中进行设置，如图 12-116 所示。单击"确定"按钮，效果如图 12-117 所示。

图 12-115　　　　　　　　　图 12-116　　　　　　　　　图 12-117

（2）单击"图层"控制面板下方的"创建新的填充或调整图层"按钮，在弹出的菜单中选择"曲线"命令。在"图层"控制面板中生成"曲线 1"图层，同时弹出"曲线"面板。在曲线上单击鼠标添加控制点，将"输入"选项设为 152，"输出"选项设为 150；在曲线上再次单击鼠标添加控制点，将"输入"选项设为 105，"输出"选项设为 93，如图 12-118 所示。按 Enter键确认操作，图像窗口中的效果如图 12-119 所示。

（3）按 Ctrl + O 组合键，打开本书学习资源中的"Ch12 > 素材 > 制作音乐广告 > 02"文件，如图 12-120 所示。选择"移动"工具，将 02图像拖曳到 01 图像窗口中适当的位置，效果如图 12-121 所示。在"图层"控制面板中生成新的图层并将其命名为"文字装饰"。音乐广告制作完成。

图 12-118

241

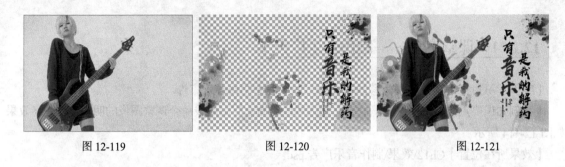

图 12-119　　　　　　　　　　图 12-120　　　　　　　　　　图 12-121

12.1.22　其他滤镜

其他滤镜组不同于其他分类的滤镜组，在此滤镜效果中，可以创建自己的特殊效果滤镜。其他滤镜子菜单如图 12-122 所示。应用不同滤镜制作出的效果如图 12-123 所示。

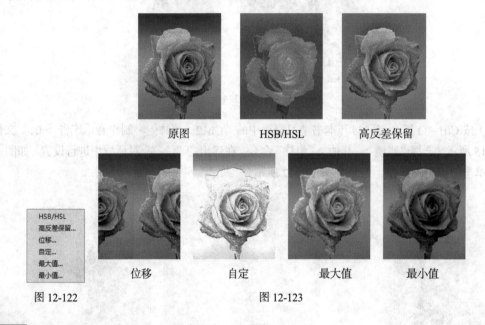

图 12-122　　　　　　　　　　图 12-123

12.2　滤镜使用技巧

重复使用滤镜、对图像局部使用滤镜可以使图像产生更加丰富、生动的变化。

12.2.1　智能滤镜

常用滤镜在应用后就不能再改变滤镜命令中的数值。智能滤镜是针对智能对象使用的、可以调节滤镜效果的一种应用模式。

选中要应用滤镜的图层，如图 12-124 所示。选择"滤镜 > 转换为智能滤镜"命令，弹出提示对话框，单击"确定"按钮，将普通图层转换为智能对象图层，"图层"控制面板如图 12-125 所示。

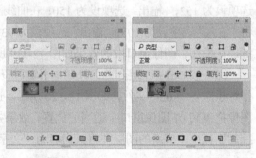

图 12-124　　　　图 12-125

选择"滤镜 > 扭曲 > 波纹"命令，为图像添加模糊效果，此图层的下方显示出滤镜名称，如图12-126 所示。

双击"图层"控制面板中要修改参数的滤镜名称，在弹出的相应对话框中重新设置参数即可。单击滤镜名称右侧的"双击以编辑滤镜混合选项"图标 ，弹出"混合选项"对话框，在对话框中可以设置滤镜效果的模式和不透明度，如图 12-127 所示。

图 12-126　　　　　　　　　　　　图 12-127

12.2.2　重复使用滤镜

如果在使用一次滤镜后效果不理想，可以按 Alt+Ctrl+F 组合键，重复使用滤镜。重复使用染色玻璃滤镜的不同效果如图 12-128 所示。

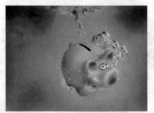
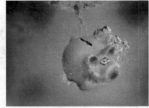
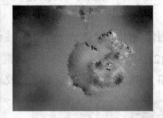

图 12-128

12.2.3　对图像局部使用滤镜

在要应用的图像上绘制选区，如图 12-129 所示，对选区中的图像使用"高斯模糊"滤镜，效果如图 12-130 所示。

如果对选区进行羽化后再使用滤镜，就可以得到与原图融为一体的效果。在"羽化选区"对话框中设置羽化的数值，如图 12-131 所示，再使用滤镜得到的效果如图 12-132 所示。

图 12-129

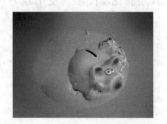

图 12-130　　　　　　　　　　图 12-131　　　　　　　　　　图 12-132

12.2.4　对通道使用滤镜

原始图像效果如图 12-133 所示，对图像的红、蓝通道分别使用"高斯模糊"滤镜后得到的效果如图 12-134 所示。

图 12-133　　　　　　　　　　图 12-134

12.2.5　对滤镜效果进行调整

对图像使用"滤镜 > 扭曲 > 波纹"滤镜后，效果如图 12-135 所示。按 Shift+Ctrl+F 组合键，弹出如图 12-136 所示的"渐隐"对话框，调整"不透明度"选项的数值并选择"模式"选项。单击"确定"按钮，使滤镜效果产生变化，效果如图 12-137 所示。

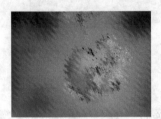　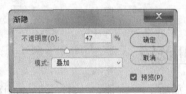　

图 12-135　　　　　　　　　图 12-136　　　　　　　　图 12-137

课堂练习——制作特效花朵

【练习知识要点】使用混合模式命令制作线性光效果，使用风格化滤镜制作风吹效果，使用变形命令制作花瓣图形，使用图层样式命令为图形添加外发光效果，使用钢笔工具绘制花蕊图形，使用画笔工具绘制星光，最终效果如图 12-138 所示。

【效果所在位置】Ch12\效果\制作特效花朵.psd。

图 12-138

课后习题——制作淡彩钢笔画效果

【习题知识要点】使用去色命令、照亮边缘命令、图层混合模式选项和中间值滤镜命令制作淡彩钢笔画，最终效果如图 12-139 所示。

【效果所在位置】Ch12\效果\制作淡彩钢笔画效果.psd。

图 12-139

第13章
商业案例实训

本章介绍

本章通过多个商业案例实训，进一步讲解 Photoshop CC 的各项功能和使用技巧，使读者能够快速掌握软件功能和知识要点，制作出具有丰富变化的设计作品。

学习目标

- 掌握软件基本功能的使用方法。
- 了解软件的常用设计领域。
- 掌握软件在不同设计领域中的应用。

技能目标

- 熟练掌握"时钟图标"的制作方法。
- 熟练掌握"阳光情侣模板"的制作方法。
- 熟练掌握"零食网店店招和导航条"的制作方法。
- 熟练掌握"空调广告"的制作方法。
- 熟练掌握"茶叶包装"的制作方法。

13.1　制作时钟图标

13.1.1　项目背景及要求

1．客户名称
时限设计公司。

2．客户需求
时限设计公司是一家以图标设计、APP 制作、平面设计、网页设计等为主的设计工作室，深受广大用户的喜爱和信任。公司最近需要为新研发的软件设计一款立体化图标，要求图标外观清晰鲜明，整体设计简洁明了。

3．设计要求
（1）设计常见的圆角矩形图标。

（2）设计图标用立体化的手法。

（3）画面色彩要体现出品质感，展现出高档、精致的理念。

（4）设计风格要简洁直观，让人一目了然。

（5）设计规格为 591 像素（宽）×591 像素（高），分辨率为 72 像素/英寸。

13.1.2　项目创意及要点

1．设计素材
图片素材所在位置：本书学习资源中的 "Ch13\素材\制作时钟图标\01、02"。

文字素材所在位置：本书学习资源中的 "Ch13\素材\制作时钟图标\文本文档"。

2．设计作品
设计作品效果所在位置：本书学习资源中的 "Ch13\效果\制作时钟图标.psd"，如图 13-1 所示。

图 13-1

3．制作要点
使用圆角矩形工具、椭圆工具绘制表盘，使用图层样式命令制作表盘图形；使用椭圆选区和图层蒙版命令制作反光效果；使用圆角矩形工具、矩形工具和自由变换命令制作刻度效果；使用钢笔工具、自由变换命令和图层样式命令制作指针图形；使用横排文字工具和自由变换命令添加文字。

13.1.3 案例制作及步骤

1. 绘制表盘

（1）按 Ctrl + O 组合键，打开本书学习资源中的"Ch13 > 素材 > 制作时钟图标 > 01"文件，如图 13-2 所示。将前景色设为白色。选择"圆角矩形"工具 ，在属性栏中的"选择工具模式"选项中选择"形状"，将"半径"选项设为 80 像素，在图像窗口中拖曳鼠标绘制圆角矩形，效果如图 13-3 所示。在"图层"控制面板中生成新的图层"圆角矩形 1"，如图 13-4 所示。

图 13-2　　　　　　　　　　图 13-3　　　　　　　　　　图 13-4

（2）单击"图层"控制面板下方的"添加图层样式"按钮 ，在弹出的菜单中选择"渐变叠加"命令，弹出对话框，单击"点按可编辑渐变"按钮 ，弹出"渐变编辑器"对话框，将渐变颜色设为从浅灰色（其 R、G、B 的值分别为 229、228、232）到深灰色（其 R、G、B 的值分别为 90、91、92），如图 13-5 所示。单击"确定"按钮，返回到对话框，如图 13-6 所示。

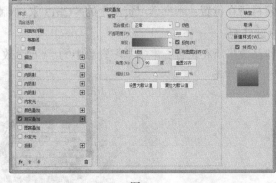

图 13-5　　　　　　　　　　　　　　　图 13-6

（3）选择"投影"选项，弹出相应的对话框，将"阴影颜色"设为黑色（其 R、G、B 的值分别为 24、22、33），其他选项的设置如图 13-7 所示。单击"确定"按钮，效果如图 13-8 所示。

（4）选择"椭圆"工具 ，在属性栏中的"选择工具模式"选项中选择"形状"，在图像窗口中拖曳鼠标的同时按住 Shift 键，绘制 1 个圆形，效果如图 13-9 所示。在"图层"控制面板中生成新的图层"椭圆 1"，如图 13-10 所示。在属性栏中将"描边"选项设为白色，"描边粗细"选项设为 2 像素。

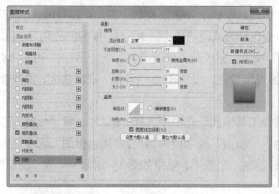

图 13-7　　　　　　　　　　　图 13-8　　　　　　　　　　　图 13-9

（5）单击"图层"控制面板下方的"添加图层样式"按钮 *fx*，在弹出的菜单中选择"渐变叠加"命令，弹出对话框，单击"点按可编辑渐变"按钮，弹出"渐变编辑器"对话框，在"位置"选项中分别输入 0、11、19 三个位置点，分别设置三个位置点颜色的 RGB 值为 0（37、42、49）、11（59、69、90）、19（66、80、104），如图 13-11 所示。单击"确定"按钮，返回到对话框，如图 13-12 所示。单击"确定"按钮，效果如图 13-13 所示。

（6）按住 Ctrl 键的同时，单击"椭圆 1"图层的缩览图，图像周围生成选区，如图 13-14 所示。选择"选择 > 修改 > 收缩"命令，弹出"收缩选区"对话框，将"收缩量"选项设为 2 像素。单击"确定"按钮，收缩选区，效果如图 13-15 所示。

图 13-10

图 13-11　　　　　　　　　　　　　　图 13-12

图 13-13　　　　　　　　　图 13-14　　　　　　　　　图 13-15

249

（7）新建图层并将其命名为"高光"。选择"渐变"工具 ，单击属性栏中的"点按可编辑渐变"按钮 ，弹出"渐变编辑器"对话框，将渐变色设为从浅灰色（其 R、G、B 的值分别为 213、214、221）到透明，如图 13-16 所示。单击"确定"按钮，完成渐变色的设置。选中属性栏中的"径向渐变"按钮 ，在图像窗口中从右下方向左上方拖曳渐变色。按 Ctrl+D 组合键，取消选区，图像效果如图 13-17 所示。

（8）选择"椭圆"工具 ，在属性栏中的"选择工具模式"选项中选择"形状"，将"填充"选项设为深蓝色（其 R、G、B 的值分别为 0、11、53），"描边"选项设为黑色，"描边粗细"选项设为 8 像素，按住 Shift 键的同时，在图像窗口中拖曳鼠标绘制 1 个圆形，效果如图 13-18 所示。在"图层"控制面板中生成新的图层"椭圆 2"。

图 13-16　　　　　　　　　图 13-17　　　　　　　　　图 13-18

（9）按住 Ctrl 键的同时，单击"椭圆 2"图层的缩览图，图像周围生成选区，如图 13-19 所示。选择"选择 > 修改 > 收缩"命令，弹出"收缩选区"对话框，将"收缩量"选项设为 8 像素。单击"确定"按钮，收缩选区，效果如图 13-20 所示。

（10）选择"椭圆选框"工具 ，在属性栏中单击"从选区减去"按钮 ，在图像窗口中拖曳鼠标的同时，按住 Shift 键绘制 1 个圆形选区，效果如图 13-21 所示。

图 13-19　　　　　　　　　图 13-20　　　　　　　　　图 13-21

（11）新建图层并将其命名为"反光"。将前景色设为蓝色（其 R、G、B 的值分别为 9、19、60），按 Alt+Delete 组合键，用前景色填充选区。按 Ctrl+D 组合键，取消选区，效果如图 13-22 所示。单击"图层"控制面板下方的"添加图层蒙版"按钮 ，为"反光"图层添加图层蒙版。

（12）将前景色设为黑色。选择"画笔"工具 ，在属性栏中单击"画笔"选项，在弹出的面板中选择需要的画笔形状，将"大小"选项设为 100 像素，如图 13-23 所示。在图像窗口中拖曳鼠标擦除不需要的图像，效果如图 13-24 所示。

图 13-22　　　　　　　　　　图 13-23　　　　　　　　　　图 13-24

（13）在"图层"控制面板中，按住 Shift 键的同时，将"圆角矩形 1"图层和"反光"图层之间的所有图层同时选取，如图 13-25 所示。按 Ctrl+G 组合键，编组图层并将其命名为"表盘"，如图 13-26 所示。

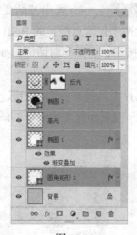

图 13-25　　　　　　　　　　　　图 13-26

2．绘制刻度和指针

（1）将前景色设为白色。选择"圆角矩形"工具 ，在属性栏中的"选择工具模式"选项中选择"形状"，将"半径"选项设为 3 像素，在图像窗口中拖曳鼠标绘制圆角矩形，效果如图 13-27 所示。在"图层"控制面板中生成新图层"圆角矩形 2"，如图 13-28 所示。

图 13-27　　　　　　　　　　　　图 13-28

（2）按 Ctrl+Alt+T 组合键，在图像周围出现变换框，按住 Alt 键的同时，将中心点拖曳到圆形的中心位置，如图 13-29 所示。在属性栏中将"旋转"选项设为 45，复制图形并旋转角度。按 Enter 键确认操作，效果如图 13-30 所示。连续按 Ctrl+Shift+Alt+T 组合键，按需要再复制多个图形，如图 13-31 所示。

图 13-29　　　　　　　　　　图 13-30　　　　　　　　　　图 13-31

（3）单击"图层"控制面板下方的"添加图层样式"按钮 fx，在弹出的菜单中选择"渐变叠加"命令，弹出对话框，单击"点按可编辑渐变"按钮，弹出"渐变编辑器"对话框，在"位置"选项中分别输入 82、97 两个位置点，分别设置两个位置点颜色的 RGB 值为 82（1、153、248）、97（6、98、245），如图 13-32 所示。单击"确定"按钮，返回到对话框，如图 13-33 所示。单击"确定"按钮，效果如图 13-34 所示。

（4）选择"矩形"工具，在属性栏中的"选择工具模式"选项中选择"形状"，在图像窗口中拖曳鼠标绘制矩形，效果如图 13-35 所示。在"图层"控制面板中生成新的图层"矩形 1"，如图 13-36 所示。

图 13-32　　　　　　　　　　　　　　　图 13-33

图 13-34

图 13-35

图 13-36

（5）按 Ctrl+Alt+T 组合键，在图像周围出现变换框，按住 Alt 键的同时，将中心点拖曳到圆形的中心位置，如图 13-37 所示。在属性栏中将"旋转"选项设为 15，复制图形并旋转角度。按 Enter 键确认操作，效果如图 13-38 所示。连续按 Ctrl+Shift+Alt+T 组合键，按需要再复制多个图形，如图 13-39 所示。

图 13-37　　　　　　　　　　图 13-38　　　　　　　　　　图 13-39

（6）在"图层"控制面板中，将"圆角矩形 2"图层拖曳到"矩形 1"图层的上方，如图 13-40 所示，效果如图 13-41 所示。

（7）在"圆角矩形 2"图层上单击鼠标右键，在弹出的菜单中选择"拷贝图层样式"命令。在"矩形 1"图层上单击鼠标右键，在弹出的菜单中选择"粘贴图层样式"命令，效果如图 13-42 所示。

图 13-40　　　　　　　　　　图 13-41　　　　　　　　　　图 13-42

（8）选择"钢笔"工具 ，在属性栏中的"选择工具模式"选项中选择"形状"，在图像窗口中拖曳鼠标绘制形状，效果如图 13-43 所示。在"图层"控制面板中生成新的图层"形状 1"。按 Ctrl+J 组合键，复制图层，如图 13-44 所示。

（9）按 Ctrl+T 组合键，在图像周围出现变换框，将中心点拖曳到变换框右侧中点上，单击鼠标右键，在弹出的菜单中选择"水平翻转"命令，水平翻转图像。按 Enter 键确认操作，效果如图 13-45 所示。

图 13-43　　　　　　　　　　图 13-44　　　　　　　　　　图 13-45

（10）在"图层"控制面板中选中"形状 1"，单击"图层"控制面板下方的"添加图层样式"按钮 fx，在弹出的菜单中选择"渐变叠加"命令，弹出对话框，单击"点按可编辑渐变"按钮，弹出"渐变编辑器"对话框，将渐变颜色设为从深灰色（其 R、G、B 的值均为 102）到浅灰色（其 R、G、B 的值分别为 236、234、234），如图 13-46 所示。单击"确定"按钮，返回到对话框，如图 13-47 所示。单击"确定"按钮，效果如图 13-48 所示。

（11）在"图层"控制面板中，按住 Ctrl 键的同时，选择"形状 1 拷贝"图层和"形状 1"图层，如图 13-49 所示。按 Ctrl+T 组合键，在图像周围出现变换框，按住 Alt 键的同时，将中心点拖曳到圆形的中心位置，将鼠标光标放在变换框的控制手柄外边，光标变为旋转图标，拖曳鼠标将图像旋转到适当的角度。按 Enter 键确认操作，效果如图 13-50 所示。

图 13-46

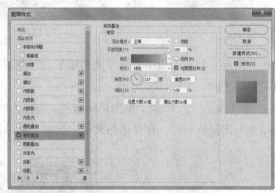

图 13-47

图 13-48

图 13-49

图 13-50

（12）将选中的图层拖曳到"图层"控制面板下方的"创建新图层"按钮 上进行复制，生成新的拷贝图层，如图 13-51 所示。按 Ctrl+T 组合键，在图像周围出现变换框，按住 Shift 键的同时，拖曳左上方的控制手柄等比例缩小图像，如图 13-52 所示。按住 Alt 键的同时，将中心点拖曳到圆形的中心位置，将鼠标光标放在变换框的控制手柄外边，光标变为旋转图标，拖曳鼠标将图像旋转到适当的角度。按 Enter 键确认操作，效果如图 13-53 所示。

（13）在"图层"控制面板中，双击"形状 1 拷贝 2"图层，在弹出的"图层样式"对话框中进行设置，如图 13-54 所示。单击"确定"按钮，完成样式的修改，效果如图 13-55 所示。

图 13-51

图 13-52

图 13-53

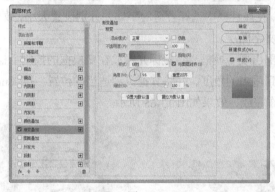
图 13-54

图 13-55

（14）在"图层"控制面板中选中最上方的图层。按 Ctrl + O 组合键，打开本书学习资源中的"Ch13 > 素材 > 制作时钟图标 > 02"文件，如图 13-56 所示。选择"移动"工具 ，将 02 图像拖曳到 01 图像窗口中适当的位置，如图 13-57 所示。在"图层"控制面板中生成新的图层并将其命名为"装饰"。

（15）按住 Ctrl 键的同时，单击"椭圆 2"图层的缩览图，图像周围生成选区，如图 13-58 所示。选择"选择 > 修改 > 收缩"命令，弹出"收缩选区"对话框，将"收缩量"选项设为 8 像素，单击"确定"按钮，收缩选区，效果如图 13-59 所示。

图 13-56　　　　　　图 13-57　　　　　　图 13-58　　　　　　图 13-59

（16）选择"椭圆选框"工具 ，在属性栏中单击"与选区交叉"按钮 ，在图像窗口中拖曳鼠标绘制 1 个圆形选区，效果如图 13-60 所示。

（17）新建图层并将其命名为"装饰 2"。按 Alt+Delete 组合键，用前景色填充选区，按 Ctrl+D 组合键，取消选区，效果如图 13-61 所示。在"图层"控制面板的上方，将"不透明度"选项设为 16%，效果如图 13-62 所示。

图 13-60   图 13-61   图 13-62

（18）将前景色设为黑色（其 R、G、B 的值分别为 0、11、35）。选择"横排文字"工具 T，在适当的位置输入需要的文字并选取文字，在属性栏中选择合适的字体并分别设置大小，效果如图 13-63 所示。在"图层"控制面板中生成新的文字图层。

（19）按 Ctrl+T 组合键，在图像周围出现变换框，将鼠标光标放在变换框的控制手柄外边，光标变为旋转图标 ，拖曳鼠标将图像旋转到适当的角度，并将其拖曳到适当的位置。按 Enter 键确认操作，效果如图 13-64 所示。时钟图标制作完成，效果如图 13-65 所示。

图 13-63   图 13-64   图 13-65

课堂练习 1——制作相机图标

练习 1.1   项目背景及要求

1. 客户名称

乐媚设计公司。

2. 客户需求

乐媚设计公司是一家以 APP 制作、平面设计、网页设计等为主的设计类网站，得到其服务客户的一致好评。公司最近需要为新研发的相机软件设计一款扁平化图标，要求相机图标外观简洁，整体美观，能让人产生想要触碰和尝试的欲望。

3. 设计要求

（1）设计常见的圆角矩形图标。

（2）用扁平化的手法设计图标。

（3）画面色彩要对比强烈，使摄像图标具有立体感。

（4）设计风格具有特色，能够吸引用户的眼球。

（5）设计规格为 660 像素（宽）×660 像素（高），分辨率为 72 像素/英寸。

练习 1.2　项目创意及要点

1. 设计素材

文字素材所在位置：本书学习资源中的"Ch13\素材\制作相机图标\文本文档"。

2. 设计作品

设计作品效果所在位置：本书学习资源中的"Ch13\效果\制作相机图标.psd"，如图 13-66 所示。

图 13-66

3. 制作要点

使用圆角矩形工具、矩形工具和创建剪贴蒙版命令绘制图标底图；使用圆角矩形工具和椭圆工具绘制镜头图形；使用椭圆选框工具、矩形选框工具和不透明度选项绘制高光；使用圆角矩形工具和横排文字工具绘制小图标。

课堂练习 2——制作看图图标

练习 2.1　项目背景及要求

1. 客户名称

微迪设计公司。

2. 客户需求

微迪设计公司是一家集 UI 设计、LOGO 设计、VI 设计和界面设计为一体的设计公司。公司现阶段需要为新开发的看图 APP 设计一款图标，要求使用立体化的形式表达出 APP 的特征，要有极高的辨识度。

3. 设计要求

（1）使用珍珠色的背景突出粉红色的图标，醒目直观。

（2）使用立体化、拟人化的设计让人一目了然，提高图标辨识度。

（3）图标简洁明了，搭配合理。

（4）使用简洁亮丽的色彩搭配，增加图标的活泼感。

（5）设计规格为 492 像素（宽）×394 像素（高），分辨率为 72 像素/英寸。

练习 2.2　项目创意及要点

1．设计作品

设计作品效果所在位置：本书学习资源中的"Ch13\效果\制作看图图标.psd"，如图 13-67 所示。

图 13-67

2．制作要点

使用填充命令制作背景效果；使用圆角矩形工具和图层样式制作图标底图；使用椭圆工具和图层样式制作眼睛主体。

课后习题 1——制作手机 APP 界面 1

习题 1.1　项目背景及要求

1．客户名称

达林诺餐厅。

2．客户需求

达林诺餐厅是一家经营年代很久，专门烹饪传统中国菜的餐饮公司。现需要设计一个用于美食 APP 登录、注册的界面，要求能够吸引顾客的眼球，体现餐厅的特色，操作简单，内容简洁。

3．设计要求

（1）深蓝色的背景给人沉稳和踏实感，同时起到衬托作用，突出网页主题。

（2）登录、注册界面就是餐厅的大门，要显得干净整洁。

（3）按钮的设计要符合大多数人的使用习惯。

（4）整体设计美观大方，能够彰显餐厅的特色。

（5）设计规格为 1000 像素（宽）×1900 像素（高），分辨率为 72 像素/英寸。

习题 1.2　项目创意及要点

1．设计素材

图片素材所在位置：本书学习资源中的"Ch13\素材\制作手机 APP 界面 1\01～04"。

文字素材所在位置：本书学习资源中的"Ch13\素材\制作手机 APP 界面 1\文本文档"。

2．设计作品

设计作品效果所在位置：本书学习资源中的"Ch13\效果\制作手机 APP 界面 1.psd"，如图 13-68 所示。

3．制作要点

使用移动工具、渐变工具和图层蒙版添加素材图片；使用圆角矩形工具和横排文字工具制作登录、注册按钮和文字说明信息。

图 13-68

课后习题 2——制作手机 APP 界面 2

习题 2.1　项目背景及要求

1．客户名称

达林诺餐厅。

2．客户需求

达林诺餐厅是一家经营年代很久，专门烹饪传统中国菜的餐饮公司。现需要设计一个关于美食分类的界面，要求图片采用本店真实的美食产品，体现餐厅对广大顾客的真诚和负责的态度，分类要简单清晰，节省顾客选择的时间，能够更好地服务顾客。

3．设计要求

（1）深蓝色的背景衬托前方的食物，能瞬间抓住人们的视线，引发其购买欲望。

（2）美食分类要简单清晰，显得干净整洁。

（3）图片与文字要合理搭配，主次明确。

（4）整体设计美观大方，能够彰显餐厅的特色。

（5）设计规格为 1000 像素（宽）×1900 像素（高），分辨率为 72 像素/英寸。

习题 2.2　项目创意及要点

1．设计素材

图片素材所在位置：本书学习资源中的"Ch13\素材\制作手机 APP 界面 2\01 ~ 09"。

文字素材所在位置：本书学习资源中的"Ch13\素材\制作手机 APP 界面 2\文本文档"。

2. 设计作品

设计作品效果所在位置：本书学习资源中的 "Ch13\效果\制作手机 APP 界面 2.psd"，如图 13-69
所示。

图 13-69

3. 制作要点

使用置入命令、矩形工具和剪贴蒙版制作美食展示图片，使用横排文字工具添加文字信息，设置
不透明度编辑素材图片。

13.2 制作阳光情侣模板

13.2.1 项目背景及要求

1. 客户名称

美奇摄影社。

2. 客户需求

美奇摄影社是一家专门从事拍摄和对照片进行艺术加工处理的摄影社。现需要为情侣制作照片模
板，要求能够烘托出健康、阳光的氛围，体现出幸福、休闲和舒适感。

3. 设计要求

（1）背景的完美融合起到衬托的作用，突出前方的宣传主题。

（2）使用生活化的居家设计拉近与人们的距离，增加亲近感。

（3）文字和颜色的运用要与整体风格相呼应，让人一目了然。

（4）照片的合理搭配和运用，体现出幸福和舒适感。

（5）设计规格为 376 mm（宽）×200 mm（高），分辨率为 254 像素/英寸。

13.2.2 项目创意及要点

1. 设计素材

图片素材所在位置：本书学习资源中的 "Ch13\素材\制作阳光情侣模板\01～08"。

文字素材所在位置：本书学习资源中的 "Ch13\素材\制作阳光情侣模板\文本文档"。

2．设计作品

设计作品效果所在位置：本书学习资源中的"Ch13\效果\制作阳光情侣模板.psd"，如图 13-70 所示。

图 13-70

3．制作要点

使用矩形工具、创建剪切蒙版命令和复制命令制作底图效果；使用色阶命令调整图像的亮度；使用横排文字工具和字符面板添加文字。

13.2.3　案例制作及步骤

（1）按 Ctrl+O 组合键，打开本书学习资源中的"Ch13 > 素材 > 制作阳光情侣模板 > 01"文件，如图 13-71 所示。将前景色设为白色。选择"矩形"工具 ▢ ，在属性栏中的"选择工具模式"选项中选择"形状"，在图像窗口中拖曳鼠标绘制矩形，效果如图 13-72 所示。在"图层"控制面板中生成新的图层"矩形 1"。

图 13-71

图 13-72

（2）按 Ctrl+O 组合键，打开本书学习资源中的"Ch13 > 素材 > 制作阳光情侣模板 > 02"文件，如图 13-73 所示。选择"移动"工具 ✛ ，将 02 图像拖曳到 01 图像窗口中的适当位置，效果如图 13-74 所示。在"图层"控制面板中生成新的图层并将其命名为"图画"。

（3）单击"图层"控制面板下方的"添加图层样式"按钮 fx ，在弹出的菜单中选择"描边"命令，将"描边颜色"设为黑色，其他选项的设置，如图 13-75 所示。单击"确定"按钮，效果如图 13-76 所示。

图 13-73   图 13-74

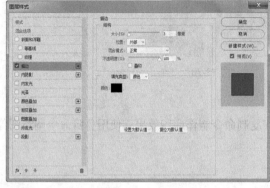

图 13-75   图 13-76

（4）单击"图层"控制面板下方的"创建新的填充或调整图层"按钮 ，在弹出的菜单中选择"色阶"命令，在"图层"控制面板中生成"色阶 1"图层，同时弹出"色阶"面板，单击 按钮，其他选项的设置如图 13-77 所示。按 Enter 键确认操作，效果如图 13-78 所示。

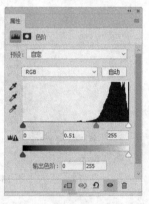

图 13-77   图 13-78

（5）在"图层"控制面板中，按住 Shift 键的同时，将"矩形 1"图层和"色阶 1"图层之间的所有图层同时选取，如图 13-79 所示。选择"移动"工具 ，按住 Alt 键的同时，将图像拖曳到适当的位置，复制图像，效果如图 13-80 所示。在"图层"控制面板中生成新的拷贝图层。

（6）按 Ctrl+T 组合键，在图像周围出现变换框，在变换框中单击鼠标右键，在弹出的菜单中选择"垂直翻转"命令，垂直翻转图像。按 Enter 键确认操作，效果如图 13-81 所示。

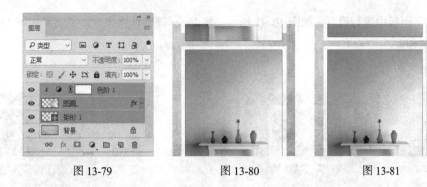

图 13-79　　　　　　　图 13-80　　　　　　　图 13-81

（7）按 Ctrl+O 组合键，打开本书学习资源中的"Ch13 > 素材 > 制作阳光情侣模板 >03"文件，如图 13-82 所示。选择"移动"工具，将 03 图像拖曳到 01 图像窗口中的适当位置，效果如图 13-83 所示。在"图层"控制面板中生成新的图层并将其命名为"相框"。

（8）选择"矩形"工具，在属性栏中的"选择工具模式"选项中选择"形状"，将"填充"选项设为白色，"描边"选项设为白色，"描边粗细"选项设为 40 像素，在图像窗口中拖曳鼠标绘制矩形，效果如图 13-84 所示。在"图层"控制面板中生成新的图层"矩形 2"。

图 13-82　　　　　　　图 13-83　　　　　　　图 13-84

（9）按 Ctrl+O 组合键，打开本书学习资源中的"Ch13 > 素材 > 制作阳光情侣模板 >04"文件，如图 13-85 所示。选择"移动"工具，将 04 图像拖曳到 01 图像窗口中的适当位置，效果如图 13-86 所示。在"图层"控制面板中生成新的图层并将其命名为"人物"。按 Ctrl+Alt+G 组合键，创建剪贴蒙版，图像效果如图 13-87 所示。

（10）将前景色设为褐色（其 R、G、B 的值分别为 145、104、83）。选择"横排文字"工具，在图像窗口中分别输入需要的文字并选取文字，在属性栏中分别选择合适的字体并设置文字大小，如图 13-88 所示。在"图层"控制面板中分别生成新的文字图层。

图 13-85　　　　　　图 13-86　　　　　　图 13-87　　　　　　图 13-88

（11）在"图层"控制面板中选中"我们的旅行"图层。选择"窗口 > 字符"命令，弹出"字符"面板，选项的设置如图 13-89 所示。按 Enter 键确认操作，文字效果如图 13-90 所示。选中"Our Journey"

图层，在"字符"面板中进行设置，如图 13-91 所示。按 Enter 键确认操作，文字效果如图 13-92 所示。

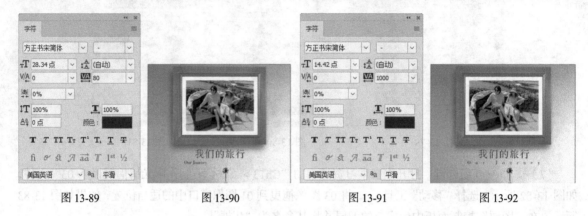

图 13-89   图 13-90   图 13-91   图 13-92

（12）选择"矩形"工具 ▢，在属性栏中的"选择工具模式"选项中选择"形状"，在图像窗口中拖曳鼠标绘制矩形，效果如图 13-93 所示。在"图层"控制面板中生成新的图层"矩形 3"。

（13）再次拖曳鼠标绘制一个矩形，效果如图 13-94 所示。在"图层"控制面板中生成新图层"矩形 4"。在属性栏中将"描边"选项设为褐色（其 R、G、B 的值分别为 145、104、83），"描边粗细"选项设为 30 像素。

（14）按 Ctrl+O 组合键，打开本书学习资源中的"Ch13 > 素材 > 制作阳光情侣模板 > 05"文件。选择"移动"工具 ⊕，将 05 图像拖曳到 01 图像窗口中的适当位置并调整其大小，效果如图 13-95 所示。在"图层"控制面板中生成新的图层并将其命名为"人物 2"。

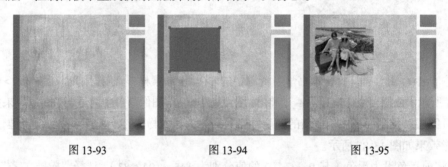

图 13-93   图 13-94   图 13-95

（15）按 Ctrl+Alt+G 组合键，创建剪贴蒙版，图像效果如图 13-96 所示。用相同的方法制作出图 13-97 所示的效果。

（16）按 Ctrl+O 组合键，打开本书学习资源中的"Ch13 > 素材 > 制作阳光情侣模板 > 08"文件。选择"移动"工具 ⊕，将 08 图像拖曳到 01 图像窗口中的适当位置，效果如图 13-98 所示。在"图层"控制面板中生成新的图层并将其命名为"人物 5"。

图 13-96   图 13-97   图 13-98

（17）选择"横排文字"工具 **T.**，在图像窗口中输入需要的文字并选取文字，在属性栏中选择合适的字体并设置文字大小，效果如图 13-99 所示。在"图层"控制面板中生成新的文字图层。阳光情侣模板制作完成，效果如图 13-100 所示。

图 13-99　　　　　　　　　　　　　　　　　图 13-100

课堂练习 1——制作大头贴照片模板

练习 1.1　项目背景及要求

1. 客户名称
玖七视觉摄影工作室。

2. 客户需求
玖七视觉摄影工作室是一家专业从事人物摄像的工作室。该工作室目前需要制作一个大头贴照片模板，要求以轻松活泼为主，并且具有时尚品味。

3. 设计要求
（1）模板设计要体现少女的阳光。

（2）使用一幅唯美的沙滩背景，营造充满青春和活力的氛围。

（3）在模板中多添加一些装饰图案，增加活泼感。

（4）设计风格自然轻快，给人舒适放松感。

（5）设计规格为 100 mm（宽）×100 mm（高），分辨率为 300 像素/英寸。

练习 1.2　项目创意及要点

1. 设计素材
图片素材所在位置：本书学习资源中的"Ch13\素材\制作大头贴照片模板\01~04"。

2. 设计作品
设计作品效果所在位置：本书学习资源中的"Ch13\效果\制作大头贴照片模板.psd"，如图 13-101 所示。

3. 制作要点
使用仿制图章工具修补照片；使用高斯模糊命令、剪贴蒙版命令和图层混合模式制作照片效果。

图 13-101

课堂练习2——制作宝宝成长照片模板

练习 2.1 项目背景及要求

1. 客户名称

框架时尚摄影工作室。

2. 客户需求

框架时尚摄影工作室是一家专业的摄影工作室，其经营范围广泛，服务优质。公司目前需要制作一个宝宝照片模板，要求以可爱为主，能够展现出孩子那富有感染力的笑容和天真可爱的表情。

3. 设计要求

（1）模板要求能体现宝宝照片的特点。

（2）图像与文字搭配合理，能够营造一个清新干净且富有活力的氛围。

（3）颜色的运用和文字的设计适合模板。

（4）设计风格具有特色，版式精巧活泼，能吸引用户目光。

（5）设计规格为 233mm（宽）×120mm（高），分辨率为 300 像素/英寸。

练习 2.2 项目创意及要点

1. 设计素材

图片素材所在位置：本书学习资源中的"Ch13\素材\制作宝宝成长照片模板\01～03"。

2. 设计作品

设计作品效果所在位置：本书学习资源中的"Ch13\效果\制作宝宝成长照片模板.psd"，如图 13-102 所示。

3. 制作要点

使用矩形工具和图层样式绘制相框；使用移动工具和剪贴蒙版制作照片；使用横排文字工具添加信息。

图 13-102

课后习题 1——制作多彩生活照片模板

习题 1.1　项目背景及要求

1. 客户名称
卡嘻摄影工作室。

2. 客户需求
卡嘻摄影工作室是摄影行业比较有实力的摄影工作室，工作室运用艺术家的眼光捕捉独特瞬间，使照片的艺术性和个性化得到充分的体现。现需要制作一个多彩生活照片模板，要求突出表现人物个性，表现出独特的风格魅力。

3. 设计要求
（1）照片模板要求具有极强的表现力。

（2）使用颜色烘托出人物特有的个性。

（3）设计要求富有创意，体现出多彩的日常生活。

（4）要求将文字进行具有特色的设计，图文搭配合理且有个性。

（5）设计规格为 115 mm（宽）×173 mm（高），分辨率为 300 像素/英寸。

习题 1.2　项目创意及要点

1. 设计素材
图片素材所在位置：本书学习资源中的"Ch13\素材\制作多彩生活照片模板\01"。

文字素材所在位置：本书学习资源中的"Ch13\素材\制作多彩生活照片模板\文本文档"。

2. 设计作品
设计作品效果所在位置：本书学习资源中的"Ch13\效果\制作多彩生活照片模板.psd"，如图 13-103 所示。

3. 制作要点
使用滤镜库命令、USM 锐化滤镜命令和图层混合模式制作多彩生活照片；使用横排文字工具添加个性文字。

图 13-103

课后习题 2——制作时尚炫酷照片模板

习题 2.1　项目背景及要求

1．客户名称
时光摄像摄影。

2．客户需求
时光摄像摄影是一家经营婚纱摄影、个性写真、儿童写真等项目的专业摄影工作室。目前影楼需要制作一个时尚炫酷照片模板，要求模板设计时尚现代，体现青春和潮流感。

3．设计要求
（1）简洁的背景起到衬托作用，能够烘托出宣传主题。
（2）人物的运用要与主题相呼应，体现青春和活力感。
（3）文字的运用要与画面形成对比，展现出动静结合的画面。
（4）整体设计简洁且具有时尚感，能抓住人们的眼球。
（5）设计规格为 200 mm（宽）× 140 mm（高），分辨率为 254 像素/英寸。

习题 2.2　项目创意及要点

1．设计素材
图片素材所在位置：本书学习资源中的"Ch13\素材\制作时尚炫酷照片模板\01 ~ 03"。
文字素材所在位置：本书学习资源中的"Ch13\素材\制作时尚炫酷照片模板\文本文档"。

2．设计作品
设计作品效果所在位置：本书学习资源中的"Ch13\效果\制作时尚炫酷照片模板.psd"，如图 13-104 所示。

3．制作要点
使用图层蒙版命令和画笔工具制作底图效果；使用图层混合模式和图层蒙版命令制作人物边缘虚化效果；使用钢笔工具、画笔工具、自由变换命令制作虚线效果；使用横排文字工具和字符面板制作模板文字。

图 13-104

13.3 制作零食网店店招和导航条

13.3.1 项目背景及要求

1. 客户名称

妙妙零食屋。

2. 客户需求

妙妙零食屋是一家专营国内休闲食品、进口食品与饮品的连锁零售企业。近期需要制作一个全新的网店店招和导航条，要求体现出公司的产品特色。

3. 设计要求

（1）设计要采用浅淡的背景色衬托前方的宣传主题，醒目突出。

（2）导航条的分类要明确清晰。

（3）画面颜色要明快、甜美，营造出柔和舒适的氛围。

（4）设计风格简洁大方，能拉近与人们的距离。

（5）设计规格为 950 像素（宽）×150 像素（高），分辨率为 72 像素/英寸。

13.3.2 项目创意及要点

1. 设计素材

图片素材所在位置：本书学习资源中的"Ch13\素材\制作零食网店店招和导航条\01 和 02"。

文字素材所在位置：本书学习资源中的"Ch13\素材\制作零食网店店招和导航条\文本文档"。

2. 设计作品

设计作品效果所在位置：本书学习资源中的"Ch13\效果\制作零食网店店招和导航条.psd"，如图 13-105 所示。

图 13-105

3．制作要点

使用横排文字工具、直排文字工具、字符面板、椭圆工具、圆角矩形工具和自定形状工具添加店招信息；使用移动工具、图层样式、直线工具和自定形状工具制作产品介绍；使用矩形工具和横排文字工具制作导航条。

13.3.3　案例制作及步骤

1．添加店招名称

（1）按 Ctrl+O 组合键，打开本书学习资源中的"Ch13 > 素材 > 制作零食网店店招和导航条 > 01"文件，如图 13-106 所示。将前景色设为红色（其 R、G、B 的值分别为 255、0、74）。选择"横排文字"工具 T.，在图像窗口中输入需要的文字并选取文字，在属性栏中选择合适的字体并设置文字大小，效果如图 13-107 所示。在"图层"控制面板中生成新的文字图层。

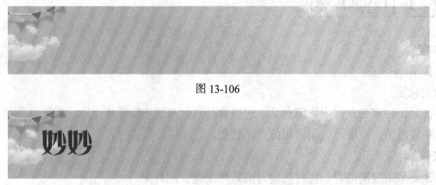

图 13-106

图 13-107

（2）选择"窗口 > 字符"命令，弹出"字符"控制面板，选项的设置如图 13-108 所示。按 Enter 键确认操作，效果如图 13-109 所示。

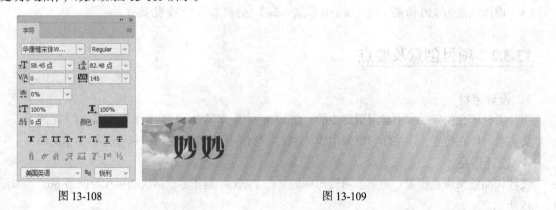

图 13-108　　　　　　　　　　　　　　　　　　　　图 13-109

（3）选择"直排文字"工具 IT.，在图像窗口中输入需要的文字并选取文字，在属性栏中选择合适的字体并设置大小，效果如图 13-110 所示。在"图层"控制面板中生成新的文字图层。

（4）选择"椭圆"工具 ○.，在属性栏中的"选择工具模式"选项中选择"形状"，按住 Shift 键的同时，在图像窗口中拖曳鼠标绘制圆形，效果如图 13-111 所示。在"图层"控制面板中生成新的图层"椭圆 1"。

（5）按 Ctrl+Alt+T 组合键，在圆形的周围出现变换框，按住 Shift 键的同时，将圆形垂直向下拖曳到适当的位置。按 Enter 键确认操作，效果如图 13-112 所示。按 Ctrl+Shift+Alt+T 组合键，再次复制一个圆形，效果如图 13-113 所示。按住 Shift 键的同时，在"图层"控制面板中，将"椭圆 1"图层及拷贝图层同时选中，按 Ctrl+E 组合键，合并图层并将其命名为"装饰圆"。

图 13-110

图 13-111

图 13-112

图 13-113

（6）在"图层"控制面板中，将"零食屋"图层拖曳到"装饰圆"图层的上方，如图 13-114 所示。将前景色设为粉色（其 R、G、B 的值分别为 255、205、219），按 Alt+Shift+Delete 组合键，用前景色填充有像素区域，效果如图 13-115 所示。

（7）将前景色设为红色（其 R、G、B 的值分别为 255、0、74）。选择"横排文字"工具 T，在图像窗口中输入需要的文字并选取文字，在属性栏中选择合适的字体并设置文字大小，效果如图 13-116 所示。在"图层"控制面板中生成新的文字图层。

图 13-114

图 13-115

图 13-116

（8）选择"圆角矩形"工具 ，在属性栏中的"选择工具模式"选项中选择"形状"，将"半径"选项设为 10 像素，在图像窗口中拖曳鼠标绘制圆角矩形，效果如图 13-117 所示。在"图层"控制面板中生成新的图层"圆角矩形 1"。

（9）将前景色设为粉色（其 R、G、B 的值分别为 255、205、219）。选择"自定形状"工具 ，在属性栏中单击"形状"选项，在弹出的"形状"面板中选择需要的图形，如图 13-118 所示。在属性栏中的"选择工具模式"选项中选择"形状"，在图像窗口中拖曳鼠标绘制图形，效果如图 13-119 所示。在"图层"控制面板中生成新图层"形状 1"。

图 13-117

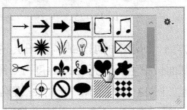

图 13-118

图 13-119

（10）选择"横排文字"工具 T，在图像窗口中输入需要的文字并选取文字，在属性栏中选择合适的字体并设置文字大小，效果如图 13-120 所示。在"图层"控制面板中生成新的文字图层。

（11）将前景色设为红色（其 R、G、B 的值分别为 255、0、74）。选择"直线"工具 ，在属性栏中的"选择工具模式"选项中选择"形状"，将"粗细"选项设为 1 像素，在图像窗口中绘制 1 条直线，效果如图 13-121 所示。在"图层"控制面板中生成新的图层"形状 2"。

（12）按住 Shift 键的同时，在"图层"控制面板中，将"形状 2"图层及"妙妙"图层之间的所有图层同时选中，如图 13-122 所示。按 Ctrl+G 组合键，编组图层并将其命名为"店名"，如图 13-123 所示。

图 13-120   图 13-121   图 13-122   图 13-123

2. 制作产品介绍

（1）按 Ctrl+O 组合键，打开本书学习资源中的"Ch13 > 素材 > 制作零食网店店招和导航条 > 02"文件，如图 13-124 所示。选择"移动"工具 ，将 02 图像拖曳到 01 图像窗口中的适当位置并调整其大小，效果如图 13-125 所示。在"图层"控制面板中生成新的图层并将其命名为"黄桃干"。

（2）单击"图层"控制面板下方的"创建新的填充或调整图层"按钮 ，在弹出的菜单中选择"色阶"命令，在"图层"控制面板中生成"色阶 1"图层，同时弹出"色阶"面板，单击 按钮，其他选项的设置如图 13-126 所示。按 Enter 键确认操作。

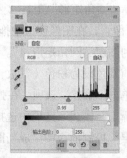

图 13-124   图 13-125   图 13-126

（3）单击"图层"控制面板下方的"创建新的填充或调整图层"按钮 ，在弹出的菜单中选择"亮度/对比度"命令，在"图层"控制面板中生成"亮度/对比度 1"图层，同时弹出"亮度/对比度"面板，单击 按钮，其他选项的设置如图 13-127 所示。按 Enter 键确认操作，效果如图 13-128 所示。

（4）将前景色设为黑色。选择"横排文字"工具 ，在图像窗口中分别输入需要的文字并选取文字，在属性栏中分别选择合适的字体并设置文字大小，效果如图 13-129 所示。在"图层"控制面板中分别生成新的文字图层。

（5）将前景色设为红色（其 R、G、B 的值分别为 255、0、74）。选择"圆角矩形"工具 ，在属性栏中的"选择工具模式"选项中选择"形状"，将"半径"选项设为 10 像素，在图像窗口中拖曳鼠标绘制圆角矩形，效果如图 13-130 所示。

图 13-127　　　　　　　　图 13-128　　　　　　　　图 13-129　　　　　　　　图 13-130

（6）在"图层"控制面板中生成新的图层"圆角矩形 2"，如图 13-131 所示。单击"图层"控制面板下方的"添加图层样式"按钮 ，在弹出的菜单中选择"斜面和浮雕"命令，弹出对话框，将"高亮颜色"设为黄色（其 R、G、B 的值分别为 255、213、129），"阴影颜色"设为褐色（其 R、G、B 的值分别为 55、18、9），其他选项的设置如图 13-132 所示。单击"确定"按钮，效果如图 13-133 所示。

图 13-131　　　　　　　　　　　　　图 13-132　　　　　　　　　　　　　图 13-133

（7）将前景色设为粉色（其 R、G、B 的值分别为 255、205、219）。选择"自定形状"工具 ，在属性栏中单击"形状"选项，在弹出的"形状"面板中选择需要的图形，如图 13-134 所示。在属性栏中的"选择工具模式"选项中选择"形状"，在图像窗口中拖曳鼠标绘制图形，效果如图 13-135 所示。在"图层"控制面板中生成新图层"形状 3"。

（8）选择"横排文字"工具 ，在图像窗口中输入需要的文字并选取文字，在属性栏中选择合适的字体并设置文字大小，效果如图 13-136 所示。在"图层"控制面板中生成新的文字图层。

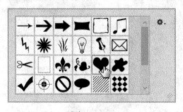  

图 13-134　　　　　　　　图 13-135　　　　　　　　图 13-136

（9）将前景色设为黑色。选择"直线"工具 ∕ ，在属性栏中的"选择工具模式"选项中选择"形状"，将"粗细"选项设为 1 像素，在图像窗口中绘制 1 条直线，效果如图 13-137 所示。在"图层"控制面板中生成新图层"形状 4"。

（10）选择"自定形状"工具 ，在属性栏中单击"形状"选项，弹出"形状"面板，单击面板右上方的 按钮，在弹出的菜单中选择"形状"选项，弹出提示对话框，单击"追加"按钮。在"形状"面板中选择需要的图形，如图 13-138 所示。在属性栏中的"选择工具模式"选项中选择"形状"，在图像窗口中拖曳鼠标绘制图形，效果如图 13-139 所示。在"图层"控制面板中生成新的图层"形状 5"。

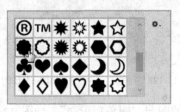

| 图 13-137 | 图 13-138 | 图 13-139 |

（11）在属性栏中将"填充"选项设为无，"描边"选项设为红色（其 R、G、B 的值分别为 233、77、122），"描边粗细"选项设为 3 像素，效果如图 13-140 所示。

（12）按 Ctrl+J 组合键，复制"形状 5"图层，生成新的图层"形状 5 拷贝"。在属性栏中将"填充"选项设为无，"描边"选项设为白色，效果如图 13-141 所示。选择"移动"工具 ，移动图像到适当的位置，效果如图 13-142 所示。

| 图 13-140 | 图 13-141 | 图 13-142 |

（13）将前景色设为红色（其 R、G、B 的值分别为 233、77、122）。选择"横排文字"工具 T，在图像窗口中输入需要的文字并选取文字，在属性栏中选择合适的字体并设置文字大小，效果如图 13-143 所示。在"图层"控制面板中生成新的文字图层。

（14）按住 Shift 键的同时，在"图层"控制面板中，将"每月 上新"图层及"黄桃干"图层之间的所有图层同时选中，如图 13-144 所示。按 Ctrl+G 组合键，编组图层并将其命名为"产品介绍"，如图 13-145 所示。

| 图 13-143 | 图 13-144 | 图 13-145 |

3．制作导航条

（1）将前景色设为红色（其 R、G、B 的值分别为 244、68、119）。选择"矩形"工具，在属性栏中的"选择工具模式"选项中选择"形状"，在图像窗口中拖曳鼠标绘制矩形，效果如图 13-146 所示。在"图层"控制面板中生成新的图层"矩形 1"。

图 13-146

（2）单击"图层"控制面板下方的"添加图层样式"按钮 fx，在弹出的菜单中选择"渐变叠加"命令，弹出对话框，单击"点按可编辑渐变"按钮，弹出"渐变编辑器"对话框，将渐变颜色设为从红色（其 R、G、B 的值分别为 255、0、74）到粉色（其 R、G、B 的值分别为 235、125、157），如图 13-147 所示。单击"确定"按钮，返回到对话框，如图 13-148 所示。单击"确定"按钮，效果如图 13-149 所示。

图 13-147

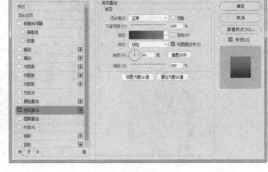

图 13-148

图 13-149

（3）将前景色设为白色。选择"横排文字"工具 T，在图像窗口中输入需要的文字并选取文字，在属性栏中选择合适的字体并设置文字大小，效果如图 13-150 所示。在"图层"控制面板中生成新的文字图层。

图 13-150

（4）选中文字"满 199 减 100"，如图 13-151 所示。选择"窗口 > 字符"命令，弹出"字符"面板，将"颜色"选项设为红色（其 R、G、B 的值分别为 255、0、74），其他选项的设置如图 13-152

所示。按 Enter 键确认操作，文字效果如图 13-153 所示。

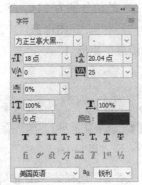

图 13-151   图 13-152   图 13-153

（5）将前景色设为白色。选择"矩形"工具 ▢，在属性栏中的"选择工具模式"选项中选择"形状"，在图像窗口中拖曳鼠标绘制矩形，效果如图 13-154 所示。在"图层"控制面板中生成新的图层"矩形 2"。按 Ctrl+ [组合键，将图层向下移动一层，如图 13-155 所示，效果如图 13-156 所示。

图 13-154   图 13-155   图 13-156

（6）按住 Shift 键的同时，在"图层"控制面板中，将文字图层及"矩形 1"图层之间的所有图层同时选中，如图 13-157 所示。按 Ctrl+G 组合键，编组图层并将其命名为"导航条"，如图 13-158 所示。零食网店店招和导航条制作完成，效果如图 13-159 所示。

图 13-157   图 13-158

图 13-159

课堂练习 1——制作家电 Banner

练习 1.1 项目背景及要求

1. 客户名称
雅恪电器网。

2. 客户需求
雅恪电器网是一家面向消费者的综合性门户网站，用于向电器消费者提供空调、电视、洗衣机等家电产品。要求针对近期推出的优惠活动制作一个全新的网店 Banner，以促销的手段吸引更多的顾客。

3. 设计要求
（1）使用明亮的背景色给人轻快、活力的印象。
（2）设计要以电器为主要元素，突显出宣传主体。
（3）文字的设计要醒目突出，能抓住人们的视线。
（4）整体设计要简洁大方，能够清晰地传递宣传信息。
（5）设计规格为 1920 像素（宽）×550 像素（高），分辨率为 72 像素/英寸。

练习 1.2 项目创意及要点

1. 设计素材
图片素材所在位置：本书学习资源中的"Ch13\素材\制作家电 Banner\01~07"。
文字素材所在位置：本书学习资源中的"Ch13\素材\制作家电 Banner\文本文档"。

2. 设计作品
设计作品效果所在位置：本书学习资源中的"Ch13\效果\制作家电 Banner.psd"，如图 13-160 所示。

图 13-160

3. 制作要点
使用钢笔工具和调整边缘命令抠出人物；使用魔棒工具抠出电器；使用矩形工具、变换命令和横排文字工具添加宣传文字。

课堂练习2——制作化妆品网店首页海报

练习 2.1　项目背景及要求

1．客户名称
思美化妆品有限公司。

2．客户需求
思美化妆品有限公司是一家经营各种护肤产品的公司。公司近期要更新网店，需要制作一个全新的化妆品网店首页海报，要求起到宣传公司新产品的作用，并向客户传递优惠活动策略。

3．设计要求
（1）海报元素包含新产品、产品说明和优惠特价。

（2）突出产品的优点和优惠活动，但不能喧宾夺主。

（3）画面色彩要简洁明亮。

（4）设计要体现简洁、高大上的艺术风格。

（5）设计规格为 1920 像素（宽）×455 像素（高），分辨率为 72 像素/英寸。

练习 2.2　项目创意及要点

1．设计素材
图片素材所在位置：本书学习资源中的"Ch13\素材\制作化妆品网店首页海报\01～05"。

文字素材所在位置：本书学习资源中的"Ch13\素材\制作化妆品网店首页海报\文本文档"。

2．设计作品
设计作品效果所在位置：本书学习资源中的"Ch13\效果\制作化妆品网店首页海报.psd"，如图 13-161 所示。

图 13-161

3．制作要点
使用移动工具添加化妆品图片和各种装饰元素；使用图层蒙版制作化妆品倒影；使用横排文字工具、矩形工具和自定义形状工具添加说明文字和优惠活动信息。

课后习题 1——制作女装客服区

习题 1.1 项目背景及要求

1. 客户名称
花语·阁服装有限公司。

2. 客户需求
花语·阁服装有限公司是一家生产和经营各种女装的公司。公司近期要更新网店，需要制作一个全新的网店女装客服区，要求画面简洁直观，能体现出公司的特色。

3. 设计要求
（1）使用人物照片直观地显示出主要功能。

（2）时尚的人物照片突出显眼，显示出公司的服务品质。

（3）简洁直观的文字和整体设计相呼应，让人一目了然。

（4）设计风格符合公司品牌特色，能够凸显产品品质。

（5）设计规格为 950 像素（宽）×200 像素（高），分辨率为 72 像素/英寸。

习题 1.2 项目创意及要点

1. 设计素材
图片素材所在位置：本书学习资源中的"Ch13\素材\制作女装客服区\01~09"。

文字素材所在位置：本书学习资源中的"Ch13\素材\制作女装客服区\文本文档"。

2. 设计作品
设计作品效果所在位置：本书学习资源中的"Ch13\效果\制作女装客服区.psd"，如图 13-162 所示。

图 13-162

3. 制作要点
使用横排文字工具和椭圆工具添加文字；使用椭圆工具、图层样式、移动工具和剪贴蒙版制作客服照片。

课后习题 2——制作服装网店分类引导

习题 2.1 项目背景及要求

1. 客户名称
跃旅运动。

2. 客户需求
跃旅运动是一家专门经营运动服装、鞋类和运动背包等运动类服饰的公司。在初秋来临之际，公司推出了新款产品，现需要在公司服装网店中制作分类引导，以方便用户选择产品。

3. 设计要求
（1）网店分类引导包含运动鞋、衣服和背包元素。
（2）设计要求简洁大方，使用图片颜色搭配合理。
（3）使用图文合理搭配，能够清晰介绍服装信息。
（4）设计风格符合公司品牌特色，能够凸显服装品质。
（5）设计规格为 950 像素（宽）×193 像素（高），分辨率为 72 像素/英寸。

习题 2.2 项目创意及要点

1. 设计素材
图片素材所在位置：本书学习资源中的"Ch13\素材\制作服装网店分类引导\01～07"。
文字素材所在位置：本书学习资源中的"Ch13\素材\制作服装网店分类引导\文本文档"。

2. 设计作品
设计作品效果所在位置：本书学习资源中的"Ch13\效果\制作服装网店分类引导.psd"，如图 13-163 所示。

图 13-163

3. 制作要点
使用移动工具、矩形工具和剪贴蒙版制作展示图片；使用横排文字工具和矩形工具制作链接按钮；使用文字工具添加服饰信息。

13.4　制作空调广告

13.4.1　项目背景及要求

1. 客户名称

格斯力电器有限公司。

2. 客户需求

格斯力电器有限公司是一家专门研发、生产和销售家电的企业。现需要为一款新空调制作宣传广告，要求能够体现出空调的主要功能和特色。在广告设计上要能够表现出清新舒适的产品理念和广告所要宣传的主题思想。

3. 设计要求

（1）背景色的运用要素静而雅致，给人清新、宁静感。

（2）设计要有空间感，能与现实生活紧密相连。

（3）文字的设计醒目突出，让人一目了然，突出宣传语。

（4）整体设计简洁清晰，主题突出。

（5）设计规格为 677 mm（宽）×371 mm（高），分辨率为 300 像素/英寸。

13.4.2　项目创意及要点

1. 设计素材

图片素材所在位置：本书学习资源中的"Ch13\素材\制作空调广告\01～03"。

文字素材所在位置：本书学习资源中的"Ch13\素材\制作空调广告\文本文档"。

2. 设计作品

设计作品效果所在位置：本书学习资源中的"Ch13\效果\制作空调广告.psd"，如图 13-164 所示。

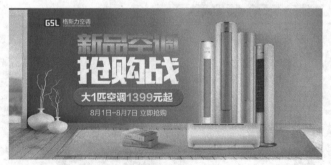

图 13-164

3. 制作要点

使用移动工具添加产品；使用文字工具添加宣传语；使用圆角矩形工具绘制装饰图形；使用图层样式命令修饰文字和装饰图形。

13.4.3　案例制作及步骤

（1）按 Ctrl+O 组合键，打开本书学习资源中的"Ch13 > 素材 > 制作空调广告 > 01、02"文件，如图 13-165 和图 13-166 所示。

图 13-165　　　　　　　　　　　　　　　　　图 13-166

（2）选择"移动"工具 ⊹，将 02 图像拖曳到 01 图像窗口中的适当位置，效果如图 13-167 所示。在"图层"控制面板中生成新的图层并将其命名为"地毯"，如图 13-168 所示。

图 13-167　　　　　　　　　　　　　　　　　图 13-168

（3）单击"图层"控制面板下方的"添加图层样式"按钮 fx，在弹出的菜单中选择"投影"命令，切换到相应的对话框，选项的设置如图 13-169 所示。单击"确定"按钮，效果如图 13-170 所示。

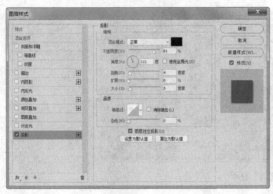

图 13-169　　　　　　　　　　　　　　　　　图 13-170

（4）按 Ctrl+O 组合键，打开本书学习资源中的"Ch13 > 素材 > 制作空调广告 > 03"文件，如图 13-171 所示。选择"移动"工具 ⊹，将 03 图像拖曳到 01 图像窗口中的适当位置，效果如图 13-172

所示。在"图层"控制面板中生成新的图层并将其命名为"空调"。

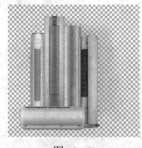
图 13-171

图 13-172

（5）将前景色设为白色。选择"横排文字"工具 T ，在图像窗口中分别输入需要的文字并选取文字，在属性栏中分别选择合适的字体并设置文字大小，效果如图 13-173 所示。在"图层"控制面板中分别生成新的文字图层，如图 13-174 所示。

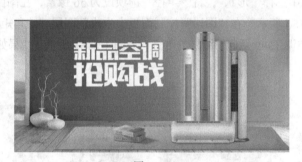
图 13-173

图 13-174

（6）选中"新品空调"图层，单击"图层"控制面板下方的"添加图层样式"按钮 fx ，在弹出的菜单中选择"渐变叠加"命令，弹出对话框，单击"点按可编辑渐变"按钮 ，弹出"渐变编辑器"对话框，在"位置"选项中分别输入 0、21、56、83、100 五个位置点，分别设置五个位置点颜色的 RGB 值为 0（216、149、62）、21（215、176、85）、56（240、229、139）、83（210、163、71）、100（216、149、62）。单击"确定"按钮，返回到对话框，如图 13-175 所示。单击"确定"按钮，效果如图 13-176 所示。

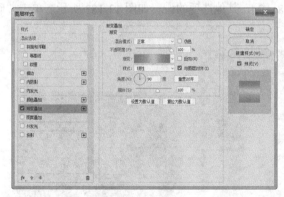
图 13-175

图 13-176

（7）选中"抢购战"图层，在图像窗口中输入文字并选取文字，在属性栏中选择合适的字体并设置文字大小，效果如图 13-177 所示。在"图层"控制面板中生成新的文字图层。选中文字"1399"，如图 13-178 所示，填充文字为黄色（其 R、G、B 的值分别为 252、255、0），取消文字选取状态，效果如图 13-179 所示。

图 13-177   图 13-178   图 13-179

（8）将前景色设为橘红色（其 R、G、B 的值分别为 235、97、0）。选择"圆角矩形"工具，在属性栏中的"选择工具模式"选项中选择"形状"，将"半径"选项设为 56 像素，在图像窗口中拖曳鼠标绘制圆角矩形，效果如图 13-180 所示。在"图层"控制面板中生成新图层"圆角矩形 1"。将"圆角矩形 1"图层拖曳到"大 1 匹空调 1399 元起"图层的下方，如图 13-181 所示，效果如图 13-182所示。

图 13-180   图 13-181   图 13-182

（9）单击"图层"控制面板下方的"添加图层样式"按钮，在弹出的菜单中选择"斜面和浮雕"命令，弹出对话框，将"高亮颜色"设为黄色（其 R、G、B 的值分别为 255、213、129），"阴影颜色"设为褐色（其 R、G、B 的值分别为 55、18、9），其他选项的设置如图 13-183 所示。单击"确定"按钮，效果如图 13-184 所示。

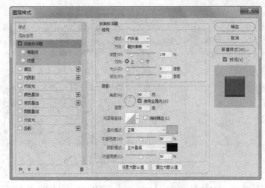 

图 13-183   图 13-184

（10）将前景色设为白色。选中"大 1 匹空调 1399 元起"图层，在图像窗口中分别输入文字并选取文字，在属性栏中分别选择合适的字体并设置文字大小，效果如图 13-185 所示。在"图层"控制面板中分别生成新的文字图层。

（11）将前景色设为深蓝色（其 R、G、B 的值分别为 17、59、130）。选择"圆角矩形"工具，在属性栏中的"选择工具模式"选项中选择"形状"，将"半径"选项设为 10 像素，在图像窗口中拖曳鼠标绘制圆角矩形，效果如图 13-186 所示。在"图层"控制面板中生成新的图层"圆角矩形 2"。

图 13-185　　　　　　　　　　　图 13-186

（12）将"圆角矩形 2"图层拖曳到"GSL"图层的下方，如图 13-187 所示，效果如图 13-188 所示。空调广告制作完成，效果如图 13-189 所示。

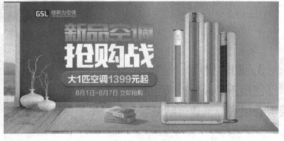

图 13-187　　　　　　　　　图 13-188　　　　　　　　　图 13-189

课堂练习 1——制作手机广告

练习 1.1　项目背景及要求

1．客户名称
致彩股份有限公司。

2．客户需求
致彩股份有限公司是一家规模庞大，涉及电子、金融、机械、化学等众多领域的公司。公司现阶段需设计一款新手机产品的广告。广告要求展现出新产品的主要功能和特色，起到宣传的效果。

3．设计要求
（1）颜色的运用要突出产品的质感。

（2）使用引导视线的放射状设计，突出宣传的主体。

（3）文字设计要与整体设计相呼应，让人印象深刻。

（4）整体设计要简洁直观，主题突出。

（5）设计规格为 210mm（宽）×145mm（高），分辨率为 300 像素/英寸。

练习 1.2　项目创意及要点

1．设计素材

图片素材所在位置：本书学习资源中的"Ch13\素材\制作手机广告\01 ~ 06"。

文字素材所在位置：本书学习资源中的"Ch13\素材\制作手机广告\文本文档"。

2．设计作品

设计作品效果所在位置：本书学习资源中的"Ch13\效果\制作手机广告.psd"，如图 13-190 所示。

图 13-190

3．制作要点

使用图层混合模式、钢笔工具、自由变换命令、渐变工具制作背景效果；使用图层蒙版命令、图层混合模式、创建剪贴蒙版命令制作手机界面效果；使用横排文字工具添加宣传语。

课堂练习2——制作电视广告

练习 2.1　项目背景及要求

1．客户名称

科影电器。

2．客户需求

科影电器是一家电器生产和销售企业，致力于打造更贴合客户需求的产品。现阶段需要设计一个新款电视机的广告，要求能展现出产品的特点。

3．设计要求

（1）使用背景色起到衬托的作用，同时展现出产品的品质感。

（2）用产品的直观展示突出宣传主体，要醒目直观。

（3）将图片和产品有机结合，突出产品的主营特色。

（4）文字的设计简洁直观，让人一目了然。

（5）设计规格为 200mm（宽）×150mm（高），分辨率为 300 像素/英寸。

练习 2.2　项目创意及要点

1. 设计素材

图片素材所在位置：本书学习资源中的"Ch13\素材\制作电视广告\01～05"。

文字素材所在位置：本书学习资源中的"Ch13\素材\制作电视广告\文本文档"。

2. 设计作品

设计作品效果所在位置：本书学习资源中的"Ch13\效果\制作电视广告.psd"，如图 13-191 所示。

图 13-191

3. 制作要点

使用渐变工具添加底图颜色；使用钢笔工具和剪贴蒙版命令为电视机创建剪贴蒙版；使用画笔工具为电视机和模型添加阴影效果；使用图层蒙版和渐变工具制作视觉效果；使用横排文字工具添加文字效果。

课后习题 1——制作冰淇淋广告

习题 1.1　项目背景及要求

1. 客户名称

甜蜜甜品店。

2. 客户需求

甜蜜甜品店是一家全国连锁的制作和销售各类甜品的特色美食店，深受甜品爱好者的喜爱。现阶段要为新推出的冰淇淋设计一款产品广告。广告要求展现出新产品的主要特色，起到宣传的作用。

3. 设计要求

（1）颜色的运用要与公司特色相呼应。

（2）使用实物拍摄照片增加人们的印象，达到宣传的目的。

（3）点缀装饰图形以达到丰富画面的作用。

（4）文字的设计要醒目直观，突出主题。

（5）设计规格为 210mm（宽）×297mm（高），分辨率为 300 像素/英寸。

习题 1.2　项目创意及要点

1. 设计素材

图片素材所在位置：本书学习资源中的"Ch13\素材\制作冰淇淋广告\01～04"。

文字素材所在位置：本书学习资源中的"Ch13\素材\制作冰淇淋广告\文本文档"。

2. 设计作品

设计作品效果所在位置：本书学习资源中的"Ch13\效果\制作冰淇淋广告.psd"，如图 13-192 所示。

图 13-192

3. 制作要点

使用魔棒工具、矩形选框工具抠取图片；使用高斯模糊滤镜命令为图片添加模糊效果；使用横排文字工具、变换命令和添加图层样式按钮制作标题文字；使用自定形状工具、图层面板制作装饰图形。

课后习题 2——制作购物广告

习题 2.1　项目背景及要求

1. 客户名称

悦优乐商场。

2. 客户需求

悦优乐是一家销售各类商品的商场，有食品、家电和服装等。在夏季来临之际，商场服装部想要针对最新款服装制作广告进行宣传，以促销的手段吸引顾客。

3. 设计要求

（1）广告产品以服装为主要元素，凸显季节变化。

（2）设计要求简洁大方，增加一些优惠礼品达到促销效果。

（3）图文合理搭配，能够清晰地传递广告信息。

（4）设计风格符合公司品牌特色，能够凸显服装品质。

（5）设计规格为 297mm（宽）×210mm（高），分辨率为 300 像素/英寸。

习题 2.2　项目创意及要点

1．设计素材

图片素材所在位置：本书学习资源中的"Ch13\素材\制作购物广告\01～08"。

2．设计作品

设计作品效果所在位置：本书学习资源中的"Ch13\效果\制作购物广告.psd"，如图 13-193 所示。

图 13-193

3．制作要点

使用移动工具添加主体图片；使用色相/饱和度调整图层，调整字母和礼物的颜色；使用图层的混合模式调整高光。

13.5　制作茶叶包装

13.5.1　项目背景及要求

1．客户名称

福建安溪茶品采茶园。

2．客户需求

福建安溪茶品采茶园是以种植、采摘、加工和销售各种茶品为一体的自然生产基地。现需要为茶园设计制作茶叶包装。要求表现出茶叶产品的特色，在画面制作上要清新有创意，符合茶园的定位与要求。

3．设计要求

（1）使用简单的图形体现出自然绿色的经营理念。

（2）简洁的包装材质要能体现出产品的定位和品质。

（3）文字的设计与应用要合理、清晰，增加宣传性。

（4）整体设计简单大方，颜色清爽舒适，易使人产生购买欲望。

（5）设计规格为 113mm（宽）×214mm（高），分辨率为 300 像素/英寸。

13.5.2　项目创意及要点

1．设计素材

图片素材所在位置：本书学习资源中的"Ch13\素材\制作茶叶包装\01～03"。

文字素材所在位置：本书学习资源中的"Ch13\素材\制作茶叶包装\文本文档"。

2．设计作品

设计作品效果所在位置：本书学习资源中的"Ch13\效果\制作茶叶包装\茶叶包装立体展示图.psd"，如图13-194所示。

3．制作要点

使用图层混合模式、文本工具、直线工具、钢笔工具制作平面展示图；使用自由变换命令、图层蒙版命令和图层控制面板制作包装立体效果。

图 13-194

13.5.3　案例制作及步骤

1．制作包装平面展开图

（1）按 Ctrl + N 组合键，新建一个文件，宽度为 9cm，高度为 15cm，分辨率为 300 像素/英寸，颜色模式为 RGB，背景内容为白色，单击"确定"按钮。将前景色设为黄绿色（其 R、G、B 的值分别为 220、197、135），按 Alt+Delete 组合键，用前景色填充"背景"图层，效果如图 13-195 所示。

（2）按 Ctrl + O 组合键，本书学习资源中的"Ch13 > 素材 > 制作茶叶包装 > 01"文件。选择"移动"工具，将 01 图像拖曳到图像窗口中适当的位置，效果如图 13-196 所示。在"图层"控制面板中生成新的图层并将其命名为"图片 1"。

（3）单击"图层"控制面板下方的"添加图层样式"按钮，在弹出的菜单中选择"颜色叠加"命令，弹出对话框，将叠加颜色设为绿色（其 R、G、B 的值分别为 17、151、17），其他选项的设置如图 13-197 所示。

（4）选择"渐变叠加"选项，切换到相应的对话框，单击"点按可编辑渐变"按钮，弹出"渐变编辑器"对话框，将渐变颜色设为从深绿色（其 R、G、B 的值分别为 31、95、9）到青绿色（其 R、G、B 的值分别为 33、193、176），如图 13-198 所示。单击"确定"按钮，返回到"图层

图 13-195　　　　图 13-196

样式"对话框，其他选项的设置如图 13-199 所示。单击"确定"按钮，效果如图 13-200 所示。

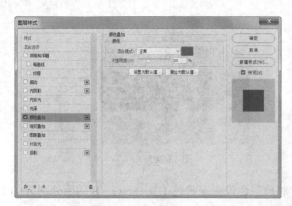

图 13-197　　　　　　　　　　　　　　　　　图 13-198

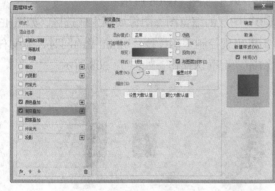

图 13-199　　　　　　　　　　　　　图 13-200

（5）在"图层"控制面板上方，将"图片 1"图层的混合模式选项设为"正片叠底"，如图 13-201 所示，图像效果如图 13-202 所示。

（6）单击"图层"控制面板下方的"创建新的填充或调整图层"按钮 ，在弹出的菜单中选择"色彩平衡"命令，在"图层"控制面板中生成"色彩平衡 1"图层，同时在弹出的"色彩平衡"面板中进行设置，如图 13-203 所示。按 Enter 键确认操作，效果如图 13-204 所示。

（7）新建图层并将其命名为"矩形"。将前景色设为黑色。选择"矩形"工具 ，在属性栏中的"选择工具模式"选项中选择"像素"，在图像窗口中拖曳鼠标绘制一个矩形，效果如图 13-205 所示。

图 13-201　　　　　　　　　图 13-202　　　　　　　　图 13-203

图 13-204   图 13-205

（8）新建图层并将其命名为"圆形"。将前景色设为淡黄色（其 R、G、B 的值分别为 212、204、152）。选择"椭圆"工具 ◯，在属性栏中的"选择工具模式"选项中选择"像素"，按住 Shift 键的同时，在图像窗口中拖曳鼠标绘制一个圆形，效果如图 13-206 所示。

（9）按住 Ctrl 键的同时，单击"圆形"图层的缩览图，图像周围生成选区，如图 13-207 所示。选择"选择 > 变换选区"命令，在选区周围出现控制手柄，按住 Shift 键的同时，拖曳右上角的控制手柄到适当的位置，调整选区的大小。按 Enter 键确认操作，如图 13-208 所示。

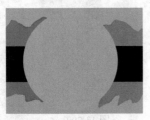

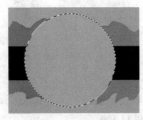

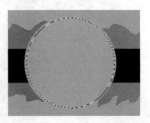

图 13-206   图 13-207   图 13-208

（10）将前景色设为青绿色（其 R、G、B 的值分别为 45、168、135）。选择"编辑 > 描边"命令，弹出"描边"对话框，选项的设置如图 13-209 所示。单击"确定"按钮，按 Ctrl+D 组合键，取消选区，效果如图 13-210 所示。

（11）将前景色设为黑色。选择"横排文字"工具 T，在适当的位置分别输入需要的文字并选取文字，在属性栏中分别选择合适的字体并设置大小，效果如图 13-211 所示。在"图层"控制面板中分别生成新的文字图层。

图 13-209   图 13-210   图 13-211

（12）新建图层并将其命名为"直线"。选择"直线"工具 ╱，将"粗细"选项设为 4 像素，按住 Shift 键的同时，在图像窗口中绘制一条直线，效果如图 13-212 所示。

（13）选择"移动"工具 ，按住 Alt 键的同时，拖曳直线到适当的位置，复制直线，效果如图 13-213 所示。选择"横排文字"工具 ，在适当的位置输入需要的文字并选取文字，在属性栏中选择合适的字体并设置大小，效果如图 13-214 所示。在"图层"控制面板中生成新的文字图层。

图 13-212　　　　　　　图 13-213　　　　　　　　图 13-214

（14）在适当的位置输入需要的文字并选取文字，在属性栏中选择合适的字体并设置大小，单击属性栏中的"居中对齐文本"按钮 ，效果如图 13-215 所示。在"图层"控制面板中生成新的文字图层。

（15）按 Ctrl+T 组合键，弹出"字符"面板，将"设置行距"选项设置为 7.5 点，其他选项的设置如图 13-216 所示。按 Enter 键确认操作，效果如图 13-217 所示。

图 13-215　　　　　　　图 13-216　　　　　　　　图 13-217

（16）按 Ctrl + O 组合键，打开本书学习资源中的"Ch13 ＞ 素材 ＞ 制作茶叶包装 ＞ 02"文件。选择"移动"工具 ，将 02 图像拖曳到图像窗口中适当的位置，效果如图 13-218 所示。在"图层"控制面板中生成新的图层并将其命名为"LOGO"。

（17）在"图层"控制面板上方，将"LOGO"图层的混合模式选项设为"正片叠底"，如图 13-219 所示，图像效果如图 13-220 所示。

图 13-218　　　　　　　图 13-219　　　　　　　　图 13-220

（18）选择"横排文字"工具 ，单击属性栏中的"左对齐文本"按钮 ，在适当的位置分别输入需要的文字并选取文字，在属性栏中分别选择合适的字体并设置大小，效果如图 13-221 所示。在"图层"控制面板中生成新的文字图层。选取文字"清香型",如图 13-222 所示,填充文字为绿色(其 R、G、B 的值分别为 31、127、101),取消文字选取状态,效果如图 13-223 所示。

图 13-221   图 13-222   图 13-223

(19)选中"福建安溪茶品采茶园"图层。新建图层并将其命名为"形状"。将前景色设为黑色。选择"多边形套索"工具 🔽,在图像窗口中绘制选区,如图 13-224 所示。按 Alt+Delete 组合键,用前景色填充选区,按 Ctrl+D 组合键,取消选区,效果如图 13-225 所示。

(20)新建图层并将其命名为"茶杯"。将前景色设为淡黄色(其 R、G、B 的值分别为 212、204、152)。选择"钢笔"工具 ✐,在属性栏中的"选择工具模式"选项中选择"路径",在图像窗口中拖曳鼠标绘制路径,按 Ctrl+Enter 组合键,将路径转换为选区,如图 13-226 所示。按 Alt+Delete 组合键,用前景色填充选区,按 Ctrl+D 组合键,取消选区,效果如图 13-227 所示。

(21)茶叶包装平面展开图制作完成。按 Shift+Ctrl+Alt+E 组合键,盖印可见图层。按 Ctrl+S 组合键,弹出"存储为"对话框,将其命名为"茶叶包装平面展开图",保存为 JPEG 格式,单击"保存"按钮,弹出"JPEG 选项"对话框,单击"确定"按钮,将图像保存。

图 13-224   图 13-225   图 13-226   图 13-227

2. 制作包装立体展示图

(1)按 Ctrl + O 组合键,打开本书学习资源中的"Ch13 > 素材 > 制作茶叶包装 > 03"文件,如图 13-228 所示。

(2)按 Ctrl + O 组合键,打开本书学习资源中的"Ch13 > 效果 > 制作茶叶包装 > 茶叶包装平面展开图"文件。选择"移动"工具 ✛,将图片拖曳到图像窗口中适当的位置,效果如图 13-229 所示。在"图层"控制面板中生成新的图层并将其命名为"茶叶包装平面展开图"。

(3)按 Ctrl+T 组合键,图像周围出现变换框,按住 Shift 键的同时,拖曳右上角的控制手柄等比例放大图片,效果如图 13-230 所示。按住 Ctrl 键的同时,拖曳左上角的控制手柄到适当的位置,如图 13-231 所示。使用相同的方法分别拖曳其他控制手柄到适当的位置,效果如图 13-232 所示。

图 13-228　　　　　图 13-229　　　　　图 13-230　　　　　图 13-231　　　　　图 13-232

（4）单击属性栏中的"在自由变换和变形模式之间切换"按钮，切换到变形模式，如图 13-233 所示。在属性栏中的"变形模式"选项中选择"拱形"，单击"更改变形方向"按钮，将"弯曲"选项设置为-13，如图 13-234 所示，图像窗口中的效果如图 13-235 所示。

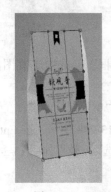

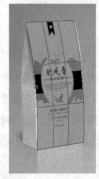

图 13-233　　　　　　　　　　　　图 13-234　　　　　　　　　　　　图 13-235

（5）在属性栏中的"变形模式"选项中选择"自定"，出现变形控制手柄，如图 13-236 所示，拖曳右下方的控制手柄到适当的位置，调整其弧度，效果如图 13-237 所示。使用相同的方法分别调整其他控制手柄，效果如图 13-238 所示，按 Enter 键确认变形操作。

（6）新建图层并将其命名为"侧面 1"。将前景色设为浅棕色（其 R、G、B 的值分别为 196、163、112）。选择"钢笔"工具，在图像窗口中拖曳鼠标绘制路径，如图 13-239 所示，按 Ctrl+Enter 组合键，将路径转换为选区，如图 13-240 所示。按 Alt+Delete 组合键，用前景色填充选区，按 Ctrl+D 组合键，取消选区，效果如图 13-241 所示。

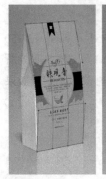

图 13-236　　　　图 13-237　　　　图 13-238　　　　图 13-239　　　　图 13-240　　　　图 13-241

（7）新建图层并将其命名为"高光 1"。将前景色设为浅黄色（其 R、G、B 的值分别为 221、197、135）。选择"多边形套索"工具 ，在图像窗口中绘制选区，如图 13-242 所示。按 Alt+Delete 组合键，用前景色填充选区，按 Ctrl+D 组合键，取消选区，效果如图 13-243 所示。

（8）在"图层"控制面板上方，将"高光 1"图层的"不透明度"选项设为 70%，如图 13-244 所示，图像效果如图 13-245 所示。使用相同的方法制作"高光 2"，效果如图 13-246 所示。

图 13-242　　　　　图 13-243　　　　　图 13-244　　　　　图 13-245　　　　　图 13-246

（9）新建图层并将其命名为"侧面 2"。将前景色设为黑色。选择"矩形选框"工具 ，在图像窗口中绘制出需要的选区，如图 13-247 所示。

（10）选择"选择 > 变换选区"命令，在选区周围出现变换框。在变换框中单击鼠标右键，在弹出的菜单中选择"斜切"命令，拖曳左边中间的控制手柄到适当的位置，如图 13-248 所示，按 Enter键确认操作。按 Alt+Delete 组合键，用前景色填充选区，按 Ctrl+D 组合键，取消选区，效果如图 13-249所示。

图 13-247　　　　　　　图 13-248　　　　　　　图 13-249

（11）在"图层"控制面板上方，将"侧面 2"图层的"不透明度"选项设为 85%，如图 13-250所示，图像效果如图 13-251 所示。按住 Shift 键的同时，将"侧面 2"图层和"高光 1"图层之间的所有图层同时选中，如图 13-252 所示。按 Ctrl+Alt+G 组合键，为选中的图层创建剪贴蒙版，图像效果如图 13-253 所示。

图 13-250　　　　　　图 13-251　　　　　　　图 13-252　　　　　　图 13-253

（12）选中"背景"图层。新建图层并将其命名为"阴影 1"。选择"多边形套索"工具 ，在图像窗口中绘制选区，如图 13-254 所示。选择"渐变"工具 ，单击属性栏中的"点按可编辑渐变"按钮 ，弹出"渐变编辑器"对话框，将渐变颜色设为从棕色（其 R、G、B 的值分别为 173、144、66）到灰色（其 R、G、B 的值分别为 223、223、223），如图 13-255 所示，单击"确定"按钮。按住 Shift 键的同时，在图像窗口中由上至下拖曳渐变色，按 Ctrl+D 组合键，取消选区，效果如图 13-256 所示。

图 13-254　　　　　　　　图 13-255　　　　　　　　图 13-256

（13）在"图层"控制面板上方，将"阴影 1"图层的"不透明度"选项设为 60%，如图 13-257 所示，图像效果如图 13-258 所示。使用相同的方法制作"阴影 2"，效果如图 13-259 所示。茶叶包装制作完成。

图 13-257　　　　　　图 13-258　　　　　　图 13-259

课堂练习1——制作咖啡包装

练习1.1　项目背景及要求

1. 客户名称
云夫公司。

2. 客户需求
云夫公司是一家生产、研发和销售各类咖啡的食品公司。目前该公司的经典畅销品牌卡布利诺咖啡需要更换包装。要求设计一款咖啡外包装，要抓住产品特点，达到宣传效果。

3. 设计要求
（1）颜色的运用要与产品紧密相关，同时能体现出咖啡的质感。

（2）文字的设计要醒目突出，让人一目了然。

（3）以真实的产品图片展示，向观众传达真实的信息内容。

（4）设计效果要能体现出产品浓稠香醇的口感，引发人们的购买欲望。

（5）设计规格为210mm（宽）×297mm（高），分辨率为300像素/英寸。

练习1.2　项目创意及要点

1. 设计素材
图片素材所在位置：本书学习资源中的"Ch13\素材\制作咖啡包装\01～08"。

文字素材所在位置：本书学习资源中的"Ch13\素材\制作咖啡包装\文本文档"。

2. 设计作品
设计作品效果所在位置：本书学习资源中的"Ch13\效果\制作咖啡包装\咖啡包装广告效果.psd"，如图13-260所示。

图 13-260

3. 制作要点
使用新建参考线命令添加参考线；使用钢笔工具、渐变工具制作平面效果图；使用选区工具和变换命令制作包装立体效果；使用滤镜命令和文字工具制作包装广告效果。

课堂练习2——制作充电宝包装

练习 2.1　项目背景及要求

1．客户名称

申科迪电器公司。

2．客户需求

申科迪电器公司是一家生产和销售各种电器的综合型制造企业，其产品涵盖电视、电脑、电冰箱、空调等众多类别。现需要为公司的充电宝设计制作产品包装，要求能直观地体现出产品的特色。

3．设计要求

（1）使用清爽的背景起到衬托的作用。

（2）使用实拍照片直观地传达给消费者产品外观的信息。

（3）文字的设计醒目直观，让人一目了然。

（4）整体设计简洁大气，宣传性强。

（5）设计规格为 212mm（宽）×100mm（高），分辨率为 300 像素/英寸。

练习 2.2　项目创意及要点

1．设计素材

图片素材所在位置：本书学习资源中的"Ch13\素材\制作充电宝包装\01 和 02"。

文字素材所在位置：本书学习资源中的"Ch13\素材\制作充电宝包装\文本文档"。

2．设计作品

设计作品效果所在位置：本书学习资源中的"Ch13\效果\制作充电宝包装\充电宝包装效果.psd"，如图 13-261 所示。

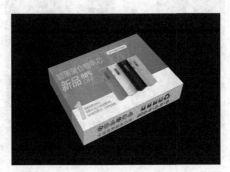

图 13-261

3．制作要点

使用新建参考线命令添加参考线；使用渐变工具添加包装主体色；使用横排文字工具添加宣传文字；使用图层蒙版制作文字特殊效果。

课后习题 1——制作零食包装

习题 1.1 项目背景及要求

1. 客户名称
食悦优果业。

2. 客户需求
食悦优果业是一家专门销售各种水果以及果干的公司。公司现阶段新推出一种榴莲水果干食品，需要设计一个榴莲干果包装。包装设计要求画面美观，视觉醒目。

3. 设计要求
（1）包装封面要使用浅淡的颜色带给人清凉、舒爽的感觉。
（2）设计要突出产品。
（3）整体设计简单明了，能够第一时间传递给用户最有用的信息。
（4）设计规格为 169mm（宽）×127mm（高），分辨率为 300 像素/英寸。

习题 1.2 项目创意及要点

1. 设计素材
图片素材所在位置：本书学习资源中的"Ch13\素材\制作零食包装\01 和 02"。
文字素材所在位置：本书学习资源中的"Ch13\素材\制作零食包装\文本文档"。

2. 设计作品
设计作品效果所在位置：本书学习资源中的"Ch13\效果\制作零食包装.psd"，如图 13-262 所示。

图 13-262

3. 制作要点
使用渐变工具和图层蒙版制作背景；使用钢笔工具制作包装底图；使用钢笔工具、渐变工具和图层混合模式制作包装袋高光和阴影；使用路径面板和图层样式制作包装封口线；使用横排文字工具添加相关信息。

课后习题 2——制作果汁饮料包装

习题 2.1 项目背景及要求

1．客户名称

黄湖云天饮品有限公司。

2．客户需求

黄湖云天饮品有限公司是一家生产、经营和销售各种饮料产品的公司。本例是为饮料公司设计的葡萄果粒果汁包装，主要针对的消费者是关注健康、注意营养膳食结构的人群。在包装设计上要体现出果汁来源于新鲜水果的感觉。

3．设计要求

（1）暗绿色的背景要能突出前方的产品和文字，起到衬托的效果。

（2）图片和文字结合要展示出产品口味和特色，体现出新鲜清爽的特点，给人健康活力的印象。

（3）展示出包装的材质，用明暗变化使包装更具真实感。

（4）整体设计简单大方，颜色清爽明快，易使人产生购买欲望。

（5）设计规格为 48mm（宽）×72mm（高），分辨率为 300 像素/英寸。

习题 2.2 项目创意及要点

1．设计素材

图片素材所在位置：本书学习资源中的"Ch13\素材\制作果汁饮料包装\01～04"。

文字素材所在位置：本书学习资源中的"Ch13\素材\制作果汁饮料包装\文本文档"。

2．设计作品

设计作品效果所在位置：本书学习资源中的"Ch13\效果\制作果汁饮料包装\果汁饮料包装展示效果.psd"，如图 13-263 所示。

图 13-263

3. 制作要点

使用文本工具和自定形状工具制作平面效果；使用图层蒙版命令隐藏局部图像；使用光照效果滤镜命令制作背景光照效果；使用切变命令使包装变形。